物理学者のいた街 3

がちょう娘に花束を

太田浩一

東京大学出版会

Flowers for Goose Lizzy :
The Physicist Lived Here, Volume 3
Koichi OHTA
University of Tokyo Press, 2009
ISBN978-4-13-063604-9

モンパルナスの土曜日

パリのフロアドヴォー通りにヘミングウェイが借りていたアパルトマンがある。妻ハドリーと別居したヘミングウェイはここに閉じこもって『日はまた昇る』の校正を終え、その版権を妻に譲った。ヘミングウェイは妻への手紙で次のように書いている。「きみをあれほど傷つけたぼくに、いましてあげられることはこれしかない――どうか、そうさせてほしい――この小説を書いていたとき、ぼくを支えて力になってくれたのはきみだった。もしきみという妻がいなかったら、ぼくには『われらの時代』も、『春の奔流』も、『日はまた昇る』も書けなかっただろう。そう、きみの一途な献身、たゆまぬ鼓舞、愛――そして文字通りの経済的支援がなかったならば――きみこそはぼくのいままでに知った最上の、だれよりも誠実で愛おしい人だ」（ジョン・リーランド著、高見浩編訳『ヘミングウェイと歩くパリ』、新潮社）。

ヘミングウェイ旧居前のフロアドヴォー通りには長い塀が続いている。モンパルナス墓地の塀だ。すぐ近くに墓地の裏口がある。かつては、ピアニスト、クララ・ハスキルの墓所を訪れるのが習慣だったが、いまは物理学者や数学者の墓を探す場所になってしまった。

ある土曜日のこと、数学者ジョゼフ・リウヴィルの墓所を探しているときだった。とにかく列ごとに一つ一つの墓碑を読みとっていくしか方法がない。広大な墓地で、通路は歩きにくい。足が棒のようになる。一途な献身とはこのことだ。おまけに激しい雨が降り出し、強い風が出てきた。傘の骨が折れてしまった。そのとき二人連れのフランス人が「誰の墓を探しているんだね」と声をかけてきた。まさかリウヴィルを知っているわけはない。と思っていたら、二人はこともなげに「こっちだよ」と言って、リウヴィルの墓に連れていってくれた。その前を何度も行き来した場所ではないか。指で文字をなぞってもらわなかったらとても墓碑を読みとることはできなかった。

ポアンカレーの墓の近くで雨宿りをしながら二人、クレマンさんとエルトリックさんと雑談した。クレマンさんのアパルトマンは墓地の前の通りにあり、土、日曜日をモンパルナス墓地で過ごすのが唯一の趣味だそうだ。エルトリックさんはパリ近郊に住んでいるが、土曜日をパリ左岸のモンパルナス墓地で、日曜日をパリ右岸のペール=ラシェーズ墓地で過ごすとのことだ。実に高尚な趣味だ。「ほかに探している墓はあるのかね。」それはありますがね、数学者でもなければご存じないのでは……。するとクレマンさんは何百頁もありそうなノートを取り出した。なんと、物理学者、数学者などと分類してあり、詳細な説明が書き込まれているではないか。ポアンカレーやル・ヴェリエらの墓所は以前から知っていたが、二人はアペル、ビオー、ポンスレー、エティエンヌ・アラゴー（フランソア・アラゴーの弟）、エルミート、コリオリースなどの墓に連れていってくれた（日本ではほ

とんどの著者がコリオリと表記している。ぼくはいつもコリオリースと表記して肩身の狭い思いをしているが、案内役の二人とも明瞭に語尾のスを発音していた）。ほとんどの墓碑は読めないほど風化している。ことにシャルル・エルミートの墓石の風化は激しく、長い間凝視しないと判読できない。世界中の理論物理学者が毎日のように書き続けている名がこのような状態にあるのは残念なことだ。

エルトリックさんはペール＝ラシェーズ墓地が専門である。千載一遇のチャンスだ。長い間探し続けて失敗を重ねてきた日々に別れを告げるときだ。試みにプイェーの墓を訊いてみた。物理学者でもその名を知っている人は少ないだろう。だがエルトリックさんは躊躇なく地図を書いて場所を教えてくれた。エルトリックさんの知識には心から脱帽した。ポアソンの墓は土台だけが残っている、と言ってその場所も教えてくれた。翌日ペール＝ラシェーズ墓地に飛んでいったら確かにその通りの場所に土台があった。いつかこのシリーズで読者にポアソンを紹介したいものである。

このシリーズはモンパルナス墓地で出会った二人のような善意の人たちに支えられている。さまざまな国でこのような人たちに出会うことがなかったらぼくはとっくに挫折していただろう。それ以上に支えになり、たゆまず鼓舞を続けてくださったのは、言うまでもないことだが、担当の編集者丹内利香さんである。

第三回目の物理の旅はオランダから始めよう。オランダでは自転車旅行が一番なのだが、ぼくは自転車に乗らない誓いを立てた。それではそろそろ出発の時間ですね。

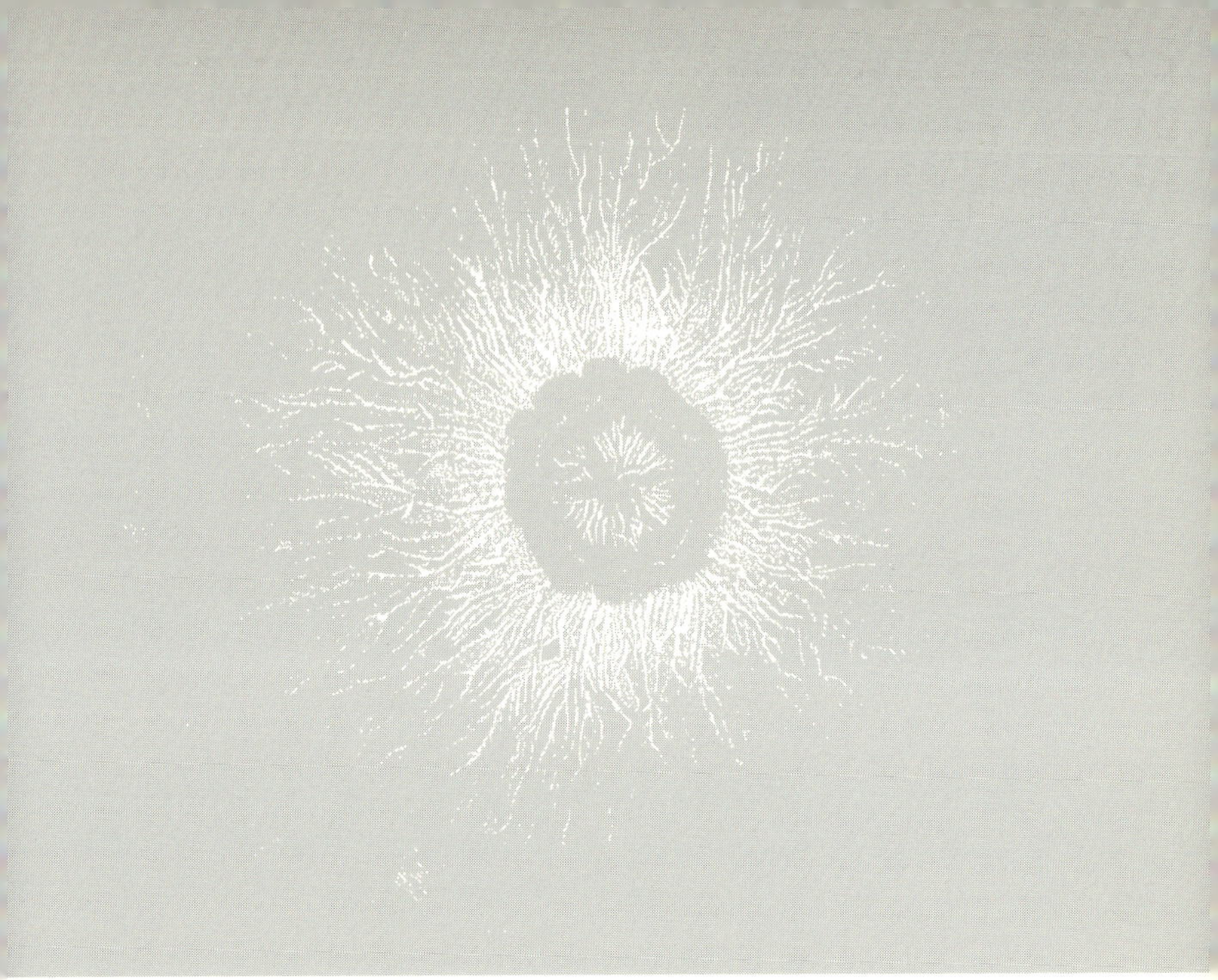

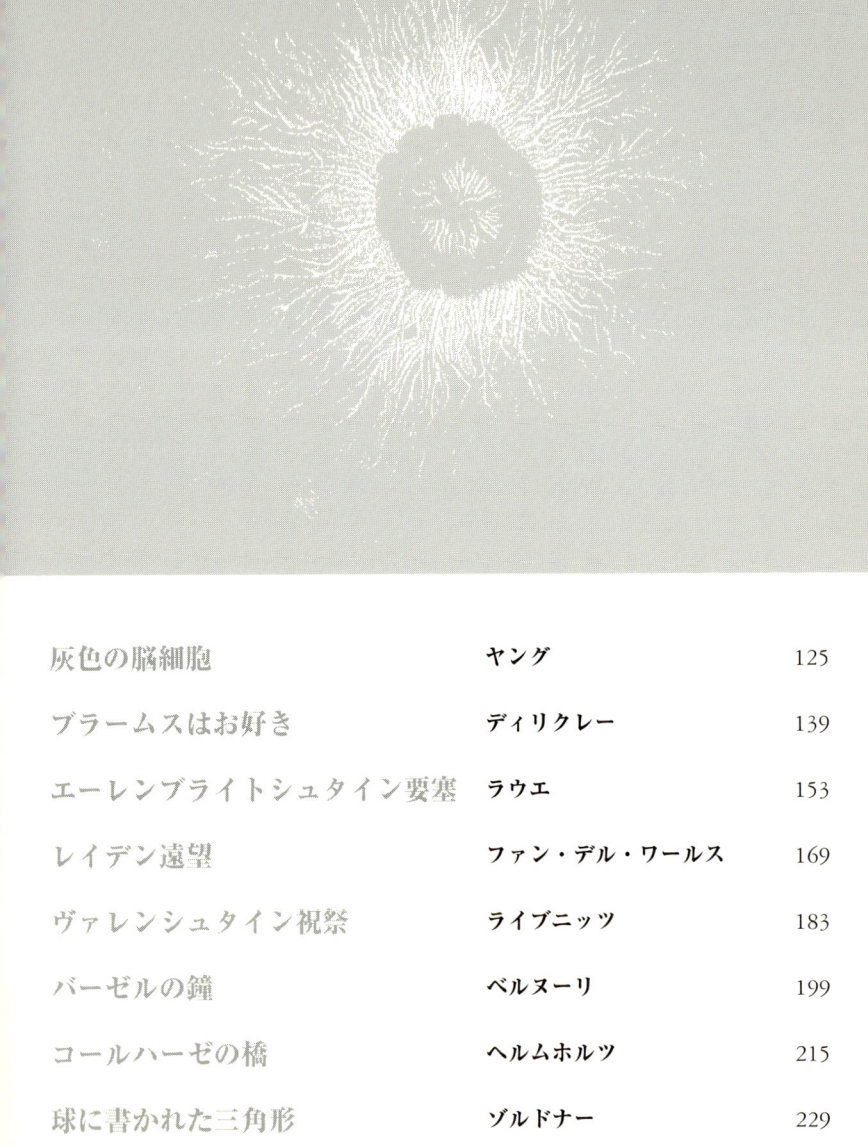

五月の朝のとき

スピノザとアインシュタイン

Baruch de Spinoza

Albert Einstein

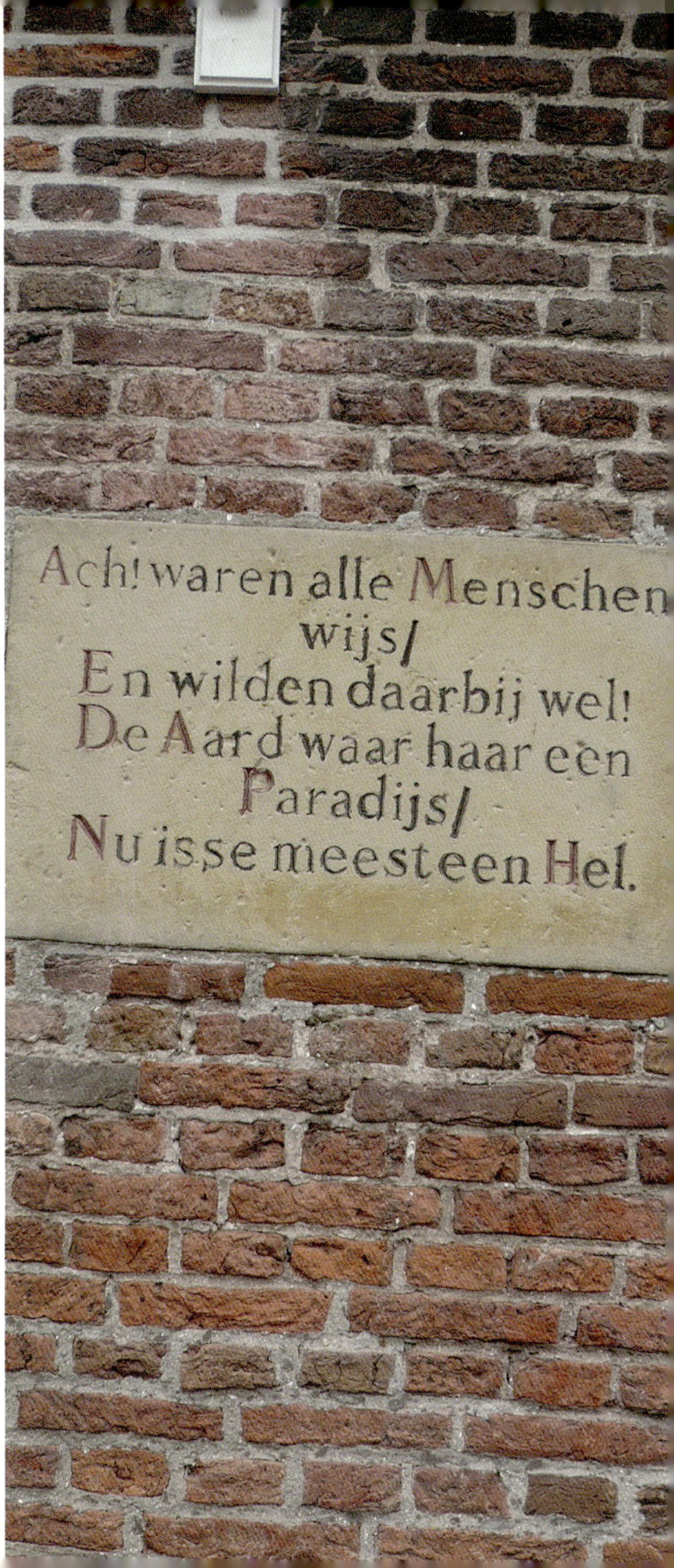
Ach! waren alle Menschen wijs/
En wilden daarbij wel!
De Aard waar haar een Paradijs/
Nu isse meesteen Hel.

レンブラントは生涯にわたって自画像を描き続けた希有の画家だ。レイモンド・チャンドラーの『さらば愛しき女よ』(清水俊二訳、ハヤカワ・ミステリ文庫)にもレンブラントの自画像が登場する。私立探偵フィリップ・マーロウは机越しにレンブラントと無言の会話を交わす。「その年のカレンダーには、印刷のよくないレンブラントの自画像が載っていた。よごれた拇指で汚ないパレットを持ち、同じように汚ない大黒頭巾をかぶっている自画像で、前金を払うものがいるなら仕事をしてもいいというような格好で、絵筆を空にかかげていた。顔には老いの皺が見え、人生への嫌悪と深酒でやつれていたが、私はその朗らかな表情と朝霧のように光っている眼が気に入っていた。」

レンブラント自画像(ルーヴル所蔵)

レンブラント・ファン・レインは一六〇六年七月十五日にレイデンで生まれた。レイデンの古ライン川岸に風車小屋があるが、跳ね橋を渡った対岸にも風車小屋があった。ファン・レインという姓はレンブラントの祖母がこの風車小屋を所有していたことに由来する。小路ウェデステーフにあった生家は現存しない。レンブラントが七歳のときから通学したロクホルスト通りのラテン語学校が往時の姿を残している。レンブラントは一六三一年にアムステルダムに移り住み、そこで栄光と挫折の生涯を送ることになる。マーロウの部屋にあったのは孤独と失意のどん底にあった一六六〇年のレンブラントだ。

レイデン大学物理教室に行くため駅でつかまえたタクシーの運転手はその日が初出勤で「初めてのお客で

ラテン語学校

ドキドキしてます」と言っていた。客になった方がドキドキする。荷物がなければ歩いて二十分でキャンパスに出る。広々とした構内の通りにはアインシュタイン、ボーア、エーレンフェストの名が付けられている。驚くのは物理教室の新しい建物が十度も傾いていることだ。ローレンツ研究室（理論物理学研究室）は近寄りたくない建物の三階にある。ローレンツは自分の後任にアインシュタインを考えたが実現せず、一九一二年にエーレンフェストを後任に選んだ。

レイデン大学から三キロほど北西に歩くと小さな村レインスブルフに出る。村内の通りスピノザラーンにある小さな家の壁にオランダ語の詩が刻まれている。「ああ、すべての人が賢くあり、善だけをなすことをのぞむなら、この世は天国なのに、今はどこも地獄だ。」コレギアント派の詩人ディルク・ラフェルス・カンプハイセンの詩「五月の朝のとき」の一節である。コレギアント派は、宗派を問わず、聖書を信仰の唯一の基礎とし、何ものにもとらわれない聖書解釈をする人たちで、レインスブルフに本拠があった。小さな家の庭にはスピノザ像がある。スピノザは一六六〇年から三年間この家でレンズを磨きながら『神・人間および人間の幸福に関する短論文』、『知性改善論』、『デカルトの哲学原理』を書いた。主著『エティカ』を書き始めたのもこの家である。王立協会のオルデンブルクの訪問を受け、以後文通を続けた。ボイルとも手紙で論争した。

バルーフ・デ・スピノザは一六三二年十一月二十四日、レンブラントがアムステルダムに住むようになって間もなく、そのユダヤ人街フローンブルフに生まれた。ユダヤ人街にわずかに残っていた古い建物が壊されたあとに市庁舎と音楽劇場が建てられ、かつての町の面影はなくなった。音楽劇場完成は一九八六年のことだが、そこは半世紀前に悲劇の舞台となった場所である。一九四〇年にオランダを占領したナチはほとんどのユダヤ人住民を強制収容所のガス室に送った。スピノザの生家があったあたりにユダヤ人の抵抗を記念する石碑が立っている。

バルーフ・デ・スピノザ

レンブラントが一六三九年から一六六〇年まで住んだヨーデンブレー通りの建物は記念館になっている。スピノザは一六三三年からすぐ近くのハウトフラフトに住んでいたから二人が顔見知りだった可能性はある。レンブラントが一六五六年七月二十六日に破産宣告を受けた翌日にスピノザがユダヤ教会から破門された。ファン・ローンは一六六九年十月四日に極貧にあった

レンブラント旧居

スピノザ旧居中庭

レンブラントの臨終を看取った医師だが、スピノザに勧められて『レンブラントの生涯と時代』（渡辺義雄訳『スピノザの生涯と精神』、学樹書院）を書いた。「彼（スピノザ）はある日極めて巧みに会話をレンブラントのことに移し、レンブラントの不時の死を聞いてどんなに打撃を受けたか、またその作品を、特に自分の数学的気質に一段と合うエッチングをどんなに嘆賞していたかということを話し、そうして巨匠の晩年や葬儀について私に聞かせてほしいといった。」ファン・ローンはレインスブルフにスピノザを訪問したときのことを記して著書を終えている。「私がアムステルダムに帰ったとき、……彼ら（レンブラント家の人々）は私の顔を見て喜び、若いスピノザに関する一部始終を聞きたがった。」レンブラントは西教会の共同墓地に埋葬された。『夜警』の背景にある銘板を模してつくられた記念碑が教会内の柱に取り付けられている。

　アインシュタインは一九二〇年十一月二日にレインスブルフのスピノザ旧居を訪問した。エーレンフェストとカマーリング・オーネスはアインシュタインが年に数週間特別教授としてレイデンに滞在できるようにとりはからった（カマーリング・オーネスはアインシュタインが一九〇一年に返信用葉書を付けて助手に応募したとき返事を出さなかった！）。アインシュタインの特別教授としての最初のレイデン滞在は一九二〇年十月二十七日に「エーテルと相対論」という就任講義で始まった。スピノザの家を訪問したのはこの滞在期間中である。案内したのはカマーリング・オーネス

西教会レンブラント記念碑

スピノザ旧居

の甥ハルムだった。

その一九二〇年にアインシュタインが書いた詩「スピノザのエティカに寄せて」が残っている。それは次のように始まる。

ぼくはあの高貴な人をどれほど愛しているか
言葉では言い尽くせないまでに。
だがぼくはあの人が孤立していることを懼れる
輝く聖なる光とともに。

この詩はアインシュタインがスピノザについて書き残した最初の文章で、スピノザの家を訪問したことをきっかけとして書かれたのかもしれない。

ベルリン大学本館東翼の一階講義室の前の柱に「一九一四年から一九三二年までのベルリン時代にアルベルト・アインシュタインはこの場所で研究成果についての公開講義を行った。一九六五年十一月一般相対論創始五十周年記念日に」と刻まれた銘板が取り付けてある。アインシュタインは一九一五年十一月二十五日にプロイセン科学アカデミーで重力場方程式を発表した。エディントンは一九一九年五月、星からの光が太

ベルリン大学一般相対論記念銘板

陽の重力によって曲がる角度を測定し、一般相対論によって計算した値に一致することを検証した。公式発表は十一月六日である。一九二〇年はアインシュタインの名が物理学者以外の世界中の人に突然知られるようになった時期である。一九二〇―二一年にはポツダム天文台にアインシュタイン塔がつくられた。また一九二〇年は相対論を否定し、アインシュタインの平和主義、国際主義を攻撃する人たちが出てきた時期でもある。ドイツで苦しめられていたアインシュタインにとって、物理に専念しエーレンフェストと過ごすレイデン滞在は至福のときだった。そのレイデンでスピノザに出会ったのだ。

『エティカ』第一部定理二十九でスピノザは「自然の中には何一つ偶然的なものは存在しない、いっさいは神の本性の必然性から一定の仕方で存在や作用へと決定されている」（工藤喜作・斎藤博訳、中央公論社）と言っている。また『神学・政治論』第三章で「一切が依つて以て生起し且つ決定される自然の普遍的諸法則は神の永遠なる諸決定――それは常に永遠の真理と必然性とを包含する――に他ならないからである。だから我々は、一切は自然の諸法則に依つて生起すると言つても、或は又一切は神の決定と指導に依つて整序すると言つても、結局同じことを言つてゐるのである」（畠中尚志訳、岩波文庫）とも言っている。アインシュタインが感銘を受けたのはスピノザの徹底した決定論である。一九二九年にニューヨークのラビから「あなたは神を信じるか？　前納返信五十語」という電報を受け取ったとき、アインシュタインは「私は、

アインシュタイン塔

人間の運命や行為に関わる神ではなく、存在するものの合法則的調和の中に現れるスピノザの神を信じる」と返信している。翌年ニューヨークの別のラビに十二世紀のマイモニデス哲学と相対論について質問されたアインシュタインは、相対論がこの種の哲学的議論とは無関係であると断った上で、「私はスピノザの意見とまったく同じであり、確信的な決定論者として、一神教的な考えにはまったく同意できないと言うだけです」と答えている。

スピノザ生誕三百年の一九三二年にスピノザについて小論文を書くことを断ったアインシュタインは九月六日付けの手紙の中で次のように書いた。「スピノザは、あらゆる出来事が決定論的に結びついているという観念を人間の思考、感情、行為に本当に首尾一貫して適用した最初の人でした。彼の視点は、思考の一貫性だけでなく、並はずれた純粋さ、心の偉大さ、謙虚さを必要としているために、明快さと論理的な厳密さだけを追究する人たちにひろく浸透しなかったのではないかというのが私の考えです。」探偵マーロウの名台詞を借りれば「しっかりしていなかったら、生きていられない。やさしくなれなかったら、生きている資格がない」ということか。ベルリン大学本館の西隣にプロイセン科学アカデミーがあった。入口の壁にアインシュタインのレリーフを持つ銘板があり「アルベルト・アインシュタインは一九一四年から一九三二年まで科学アカデミー会員としてここで研究した」と刻まれている。アインシュタインは一九三二年十二月に、翌年三月に戻る予定で、米国に旅立ったが、一月三十日にヒトラーが政権を掌握したので、三月二十八日に科学アカデミー会員辞職を発表し、二度とドイツに戻らなかった。

一九四六年にルードルフ・カイザー（妻エルザの娘イルゼの夫）が出版した『スピノザ』に序文を寄せたアインシュタインは次のようにしめくくった。「スピノザは私たちより三百年も前に生きたが、彼が対処しなければならなかった精神状況は不思議なほど私たちのそれに似ている。彼は、自然現象の因果関係に関する知識を得る努力にともなう成功がまだ多くない時代に、すべての現象の因果的依存性に完全に確信を持っていたからである。スピノザの確信は無機的自然にだけでなく人間の感情と行為にも及んだ。彼は、（因果性に関係なく）自由意志を持つという私たちの考え方が私たちの中で働いている原因を知らないことから生じる幻想である、ということを疑わなかった。彼はこの因果関係の研究において恐怖、憎しみ、苦しみの救済、真に精神的な人間が頼ることができる唯一の救済を見つけた。彼はこの確信を、彼の思考を明確で精確

プロイセン科学アカデミー

に定式化することによってだけでなく、彼自身の人生を模範となるようにつくることによって証明したのである。」

アインシュタインは、一般相対論を完成し時間と空間に関する真理を発見して自然の調和の美しさに感動したとき、スピノザの中に自分と似た人間を見出した。アインシュタインは最後まで決定論、因果性に徹底的にこだわった。アインシュタインは「奇跡の年」一九〇五年の最初の論文「光の発生と変換に関する発見的な見方について」によって「光量子仮説」を提唱し、量子力学建設の最初の布石を打った。ところが若い「革命家」たちが量子力学を完成したとき、アインシュタインは決定論に矛盾する量子力学の基本原理を承認しようとしなかった。一九二六年十二月四日にボルンに宛てた手紙で「量子力学は確かに眼をみはらせます。ですが、それはまだ本物ではないと内なる声が私に告げています。その理論は多くを語ってはいますが、私たちを「神」の秘密に少しも近づけていません。と

132

6. ***Über einen***
die Erzeugung und Verwandlung des Lichtes betreffenden heuristischen Gesichtspunkt;
von A. Einstein.

Zwischen den theoretischen Vorstellungen, welche sich die Physiker über die Gase und andere ponderable Körper gebildet haben, und der Maxwellschen Theorie der elektromagnetischen Prozesse im sogenannten leeren Raume besteht ein tiefgreifender formaler Unterschied. Während wir uns nämlich den Zustand eines Körpers durch die Lagen und Geschwindigkeiten einer zwar sehr großen, jedoch endlichen Anzahl von Atomen und Elektronen für vollkommen bestimmt ansehen, bedienen wir uns zur Bestimmung des elektromagnetischen Zustandes eines Raumes kontinuierlicher räumlicher Funktionen, so daß also eine endliche Anzahl von Größen nicht als genügend anzusehen ist zur vollständigen Festlegung des elektromagnetischen Zustandes eines Raumes. Nach der Maxwellschen Theorie ist bei allen rein elektromagnetischen Erscheinungen, also auch beim Licht, die Energie als kontinuierliche Raumfunktion aufzufassen, während die Energie eines ponderabeln Körpers nach der gegenwärtigen Auffassung der Physiker als eine über die Atome und Elektronen erstreckte Summe darzustellen ist. Die Energie eines ponderabeln Körpers kann nicht in beliebig viele, beliebig kleine Teile zerfallen, während sich die Energie eines von einer punktförmigen Lichtquelle ausgesandten Lichtstrahles nach der Maxwellschen Theorie (oder allgemeiner nach jeder Undulationstheorie) des Lichtes auf ein stets wachsendes Volumen sich kontinuierlich verteilt.

Die mit kontinuierlichen Raumfunktionen operierende Undulationstheorie des Lichtes hat sich zur Darstellung der rein optischen Phänomene vortrefflich bewährt und wird wohl nie durch eine andere Theorie ersetzt werden. Es ist jedoch im Auge zu behalten, daß sich die optischen Beobachtungen auf zeitliche Mittelwerte, nicht aber auf Momentanwerte beziehen, und es ist trotz der vollständigen Bestätigung der Theorie der Beugung, Reflexion, Brechung, Dispersion etc. durch das

「光の発生と変換に関する
発見的な見方について」

アルベルト・アインシュタイン

にかく私は神がさいころを振らないと確信しています」と書いている。

ボーアとアインシュタインの論争は一九二七年の第五回ソルヴェー会議で本格的に始まり、一九三〇年の第六回ソルヴェー会議に続いた。アインシュタインは一九三一年十一月四日のベルリンにおけるコロキウムで量子力学の不完全性を示す思考実験を述べ、一九三三年にブリュッセルでローゼンフェルトのセミナーを聴講したアインシュタインはローゼンフェルトに量子力学のパラドクスを突きつけた。一九三五年にはポドルスキーとローゼンと共著で「物理的実在の量子力学的記述は完全と考えられるか?」を発表して量子力学を攻撃し続けた。一九五三年になっても、さいころを振らない神というのは「スピノザの内在的な神」を意味すると言っている。アインシュタインはみずからが考えついた光量子とは何かと問い続けたが最後まで答えを見つけることはなかった。

ボーアと核分裂に関する共著論文を書いたプリンストン大学のジョン・ホイーラーはアインシュタインとも親しかった。一九五二年から重力理論に興味を移したホイーラーはブラックホールの命名者だが、アインシュタイン生誕百年の一九七九年に「ブラックホール——アインシュタインとの架空対談」を書いた。その中で、一般相対論に宇宙項を加えて宇宙を定常にするという「生涯最大の失敗」をしたのはスピノザの影響ではないか、とアインシュタインに訊ねている。ホイーラーは同年に書いたアインシュタイン小伝の中で、スピノザがユダヤ教会から破門されたのは天地創造を否定したからだ、という説を紹介した。スピノザは『エティカ』第一部定理二十系二で「神あるいは神の属性は不変である」と言っているのだ。ホイーラーはさらに次のように述べている。「スピノザがアインシュタインの最大の英雄だった。スピノザほど強く、自然の調和と美、とりわけ究極の理解可能性を表明した人はいなかった。……今日振り返ってみると、私たちは彼〔アインシュタイン〕の失敗を許し、宇宙膨張を予言した重力理論を彼の手柄にすることができる。……アインシュタインは宇宙論に関するスピノザの影

スピノザ最後の家

響を振り落としたが、スピノザの決定論的見解はそういかなかった。……アインシュタインは決定論を、理性、心情、骨の髄で受け入れていた。それでは、現実の世界、すなわち量子の世界が偶然と予言不可能の世界であることを最初に明確に認識したのは誰だろう？　アインシュタイン自身ではないか！　当初はマクス・プランクとニールス・ボーアとともに量子物理学を産み出すのに多くをなしたアインシュタインが、最後には頑固に一人で中心に背を向けたのはなぜだろう？　スピノザから受け取ったこの「一組〔の思想〕」のほかにどのような説明がありうるだろう？」

　スピノザは一六六三年にデン・ハーフ近郊のフォールブルフに移り、一六六九年以降デン・ハーフ市内に住んだ。スピノザの終の住処はパフィリューンフラフトにある家の屋根裏部屋である。現在は運河は埋め立てられ、スピノザの家の前に思索に耽るスピノザ像がある。ハイデルベルク大学教授就任を辞退したのも、『エティカ』を完成したのも、ライブニッツが訪ねて

スピノザ像

スピノザ墓碑

きたのも、『物理学をより密接に数学に結びつけるに役立つ虹の代数的計算』を書いたのもこの家である。スピノザは一六七七年二月二十一日に亡くなり近くの新教会の庭に埋葬されたが遺骨の行方はわからなくなった。

アインシュタインにとって米国も安住の地ではなかった。一九五〇年から始まった米国の狂気の時代には、米国市民権を剝奪し国外追放にしろと叫ぶマッカーシズムと闘わなければならなかった。アインシュタインは一九五五年四月十八日にプリンストンで亡くなった。アインシュタインの墓所はなく、遺灰の行方は誰も知らない。「マッカーシズム」という用語をつくった漫画家ハーブロックは翌日『ワシントンポスト』のために漫画を描いた。宇宙空間に浮かぶたくさんの天体を描いたもので、地球とおぼしき天体には「アルベルト・アインシュタインはここに住んだ」という銘板が取り付けてある。翌一九五六年スピノザ破門三百年に、スピノザの墓の上に、ヘブライ語で「あなたの民」と刻まれた記念碑が建てられた。

ささなみのエルベのほとり

ヘルツ
Heinrich Hertz

ハンブルク中央駅から市庁舎に向かう目抜き通り、メンケンベルク通りの中ほどで脇に入ると聖ヤコービ教会がある。ルカが聖母子を描く様子を画にした有名な祭壇があるというので探してみたが見つからない。売店の女性に訊ねたら、わざわざそこまで連れていってくれて「ほら、ここにあるでしょ」と教えてくれた。聖ヤコービ教会には一六九三年にアルプ・シュニトガーがつくった有名なパイプオルガンがある。バッハは一七二〇年に、この教会のオルガン奏者に志願した試験で即興演奏し、老ラインケンを絶句させた。

ハンブルクはエルベとアルスター湖を地の利として発展した港町だが、商都というだけでなく、自由な精神を反映した芸術の都でもある。マクデブルクからやってきたテレマンは長い間市の音楽監督の地位にあり、華やかで流麗な音楽に絶大な人気があった。テレマンを継いだのがバッハの次男エマーヌエルである。テレマンもエマーヌエルも聖ミヒャエリス教会に埋葬された。ブラームスが洗礼を受けた教会でもある。近代指揮法の創始者となったハンス・フォン・ビューローは一八八八年からハンブルク楽友協会を指揮していたし、マーラーも一八九一年から一八九七年までハンブルク市立劇場首席楽長だった。マーラーは、聖ミヒャエリス教会で行われたビューローの葬儀で、フリードリヒ・クロプシュトックが作詞した復活の頌歌を聴いて天啓を受け、『交響曲第二番』第五楽章を作曲した。ビューローの指揮する演奏を聴いて指揮者を目指すようになったブルーノ・ヴァルターが市立劇場でマーラーと知り合ったのは一八九六年である。マーラーは翌

聖ミヒャエリス教会

グローサーフライハイト・スタークラブ

年聖ミヒャエリス教会で洗礼を受けている。ビートルズは駆け出しの頃、ハンブルクの歓楽街レーパーバーンにあるつぶれそうなクラブで演奏していた。日中でも歩きにくい汚い通りグローサーフライハイトにクラブの建物が残っている。

　メンケンベルク通りから聖ヤコービ教会に入るあたりはイーダ・エーレ広場である。エーレは一九〇〇年生まれの女優で、生誕百年にこの広場の名になった。ヴィーンで修行し十八歳でデビュー、ヨーロッパ各地の舞台で活躍した。だが一九三三年にナチが政権を取るとユダヤ人の彼女は活動を禁止された。一九三九年には夫と娘とともにチリに亡命しようとしたが、船がチリに着く直前に戦争が始まり船はハンブルクに戻ってきた。戦争が終わるまで娘とともにハンブルク北方にあるフールスビュテル強制収容所にいた。ハンブルク分離派の女流画家アニタ・レーは一九三三年十二月にナチの圧迫のもとで自殺した。彼女のフレスコ画『オルフェウスと動物』が郊外の女子実業高等学校に

イーダ・エーレ広場

ハンブルク大学シュテルン研究室

奇跡的に保存されている。女性、特に女性芸術家の権利のために闘ったイーダ・デーメルも一九四二年九月二十九日に自殺した。一九一九年に創立されたばかりのハンブルク大学で活躍していた物理学者シュテルン、ゴルドン、ルードルフ・ミンコフスキー、フリッシュらはナチに追われ、ハンブルク大学の物理は崩壊した。戦後ヨルダンが教授になった。ヨルダンはハイゼンベルク、ボルンとともに行列力学を創始したが、ナチ党員になり戦後になってもナショナリズムに固執した。

イーダ・エーレ

エーレの活動は終戦後すぐに始まった。十二月にはハンブルク大学近くのハルトゥング通りにハンブルク小劇場を創設して一九八九年に亡くなるまで製作者、演出家、女優として活躍した。芸術の都としてのハンブルクを復興させた功績は大きい。彼女の「人間性の劇場」ではそれまで禁止されていた外国作家や亡命作家、若い作家の作品を紹介していった。一九四七年十一月二十一日にはヴォルフガング・ボルヒェルトの戯曲『戸口の外で』を初演した。

一九二〇年五月二十日にハンブルク北郊で生まれたボルヒェルトは俳優志望だったが、一九四一年五月に召集され十一月には東部戦線にいた。実戦に加わったのは短期間で、終戦までの大部分を刑務所と野戦病院で過ごしている。故意に負傷して軍務を逃れようとしたとして死刑を求刑されたり、体制批判の罪で告発されたり、宣伝相ゲベルスをパロディーにしたとして禁固刑に処せられたりした。一九四五年五月十日に徒歩でハンブルクに帰ってきたとき体はボロボロで、その作品のほとんどは二年間の病床で書いた。一九四六年秋に一週間でいっきに書いた『戸口の外で』はシベリアから帰ってきた兵士が廃墟のハンブルクで見た絶望の物語である。ボルヒェルトが亡くなったのは『戸口の外で』初演前日のことである。二十七歳だった。

メンケンベルク通りは聖ペトリ教会を過ぎ、やがて市庁舎に至る。市庁舎から運河を渡ると高級商店街郵便局通りになる。美しい塔を持つれんが造りの旧郵便局はハンブルク生まれの建築家アレクシス・ド・シャトーヌフの代表作で、パサージュに改造された。ハインリヒ・ルードルフ・ヘルツは一八五七年二月二十二日に郵便局通りで生まれたが生家は現存しない。聖ペトリ教会で洗礼を受けた。祖父の代にプロテスタントに改宗したユダヤ人の家系で、祖父ハインリヒ、母方の伯父ルードルフの名をもらった。父はゲッティンゲン大学で法学の学位を取って法律家になり輝かしい成功をおさめ、ハンブルク市参事会員になった。母はプフェファーコルン家の出身である。

アルスター湖畔は緑豊かな高級住宅街になっている。

郵便局通り生家跡

マクダレーネン通り旧居

イーダ・エーレ旧居

地下鉄ハラー通り駅で下りた西側に、エーレが一九四五年から亡くなるまで住んだ家がある。ハンブルク小劇場のすぐ近くだ。駅の東側に歩いていくとマクダレーネン通りに出る。歩道には並木がうっそうと茂り、瀟洒な白亜の住宅がずらりと並んでいる。その中にヘルツが七歳の頃越してきた家がある。ヘルツが一八七四年に入学し最終学年を過ごしたヨハネウムギムナジウムは市庁舎前にあったが現存しない。市庁舎に入ると広間の柱の一本にヘルツのレリーフがある。

市庁舎広間

ヘルツは、一八七五年から一年間フランクフルト・アム・マインの建設局で土木技師の見習いをした後、一八七六年夏学期はドレースデン工業大学で工学の勉強をしたが、十月には一年間の軍役についた。翌一八七七年にミュンヘンに移り、専攻を工学から物理に変えて数学と物理の勉強を始めた。翌年十月ベルリン大学に移ったヘルツはヘルムホルツを訪ねて「導体内で電流をつくる運動電荷は質量を持つか」という懸賞問題に取り組みたいと申し出た。翌一八七九年初めには結果を出し金賞を獲得した。二十二歳で書いたその論文「電流の運動エネルギーに対する上限の決定に関する研究」は『物理学年報』に掲載された。

ヘルムホルツはヘルツを念頭に置いて、「電磁力と絶縁体の誘電分極の関係を実験的に決定すること」という科学アカデミーの懸賞問題を提案した。ヘルツはヘルムホルツの提案を断った。予備的に実験の可能性を評価してみたがきわめて困難であることがわかったからである。学位論文としては見通しのよい課題を選びたかった。ヘルツの課題は磁場の中で導体球殻を回転させたとき流れる電流を理論的に計算するというものである。その計算は二週間で完成した。修業年数が足りないので特別許可を得て学位論文「回転球の誘導について」を提出し、一八八〇年二月五日の審査会で合格した。二十四歳になる前である。その年十月一日にベルリン大学助手になった。ヘルツは幅広い分野で研究を進め、「弾性固体の接触について」、「流体、特に真空中の水銀の気化について」、「浮遊弾性板の平衡

ハインリヒ・ヘルツ

キール

について」など十四編の論文を発表している。

一八八三年三月キール大学に移り、五月に論文「陰極放電について」によって教授資格を得て数理物理の私講師になった。ヘルツが住んだ場所は大学病院歯科の新しい建物になっていた。ヘルツは、キールでは孤独でひどい鬱状態になったが、それでも一八八四年六月に興味深い論文「マクスウェルの電気力学基本方程式とそれに対立する電気力学基本方程式の関係」を書いている。この年ホッペが『電気の歴史』を出版したがマクスウェル理論を完全に無視していた。真空中に満ちているエーテルの分極によって「変位電流」が流れ磁場をつくる、というマクスウェル理論は受け入れられていなかった。ヘルツは変位電流ではなく、遠隔作用の概念に基づきながらマクスウェル方程式を導いた。数式なしにその論文を説明するのは困難だが、マクスウェル方程式を光速度の逆数で展開した無限級数を与えたことになっている。

ヘルツは一八八五年四月一日カールスルーエ工業大

キール大学

カールスルーエ工業大学

学教授に着任した。翌一八八六年初めに同僚の数学講師マクス・ドルの娘エリーザベトと出会い、たちまち恋におちた。二人は四月十二日に婚約し七月三十一日に結婚した。カールスルーエはシュロスを中心に放射状に広がる通りをカイザー通りが東西に横切っているが、工業大学はそのカイザー通りにある。新居はカイザー通りを入ったヴァルト通りにあった。ヘルツが気にかかっていたヘルムホルツの課題に取りかかったのは十月二十五日頃である。十一月十三日に一次回路で

ヴァルト通り旧居

つくった「電気の波」を一・五メートル離した二次回路で観測することに成功した。翌年三月二十三日に論文「きわめて速い電気振動について」を投稿している。こうしてヘルツは史上初めて電磁波を観測した。一八八八年までに電磁波が光と同じく、反射、屈折、回折、偏極の性質を持ち、光速度で伝搬することを検証した。工業大学のエーレンホーフにはヘルツの胸像の下に「ハインリヒ・ヘルツは一八八五―一八八九年にこの場所で電磁波を発見した」と刻まれた銘板が取り付けてある。

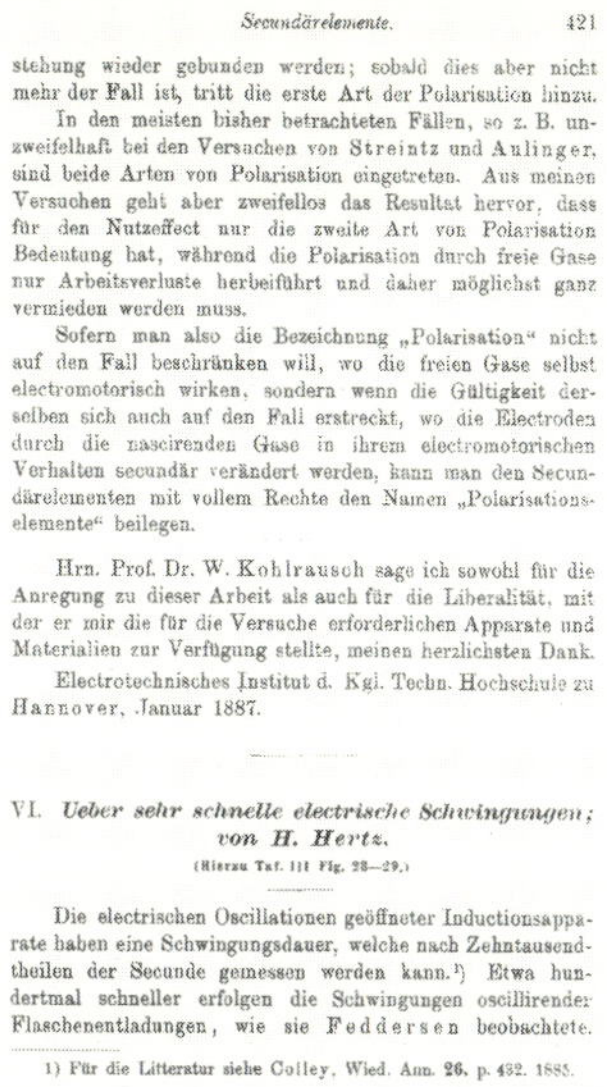

Secundärelemente. 421

stehung wieder gebunden werden; sobald dies aber nicht mehr der Fall ist, tritt die erste Art der Polarisation hinzu.

In den meisten bisher betrachteten Fällen, so z. B. unzweifelhaft bei den Versuchen von Streintz und Aulinger, sind beide Arten von Polarisation eingetreten. Aus meinen Versuchen geht aber zweifellos das Resultat hervor, dass für den Nutzeffect nur die zweite Art von Polarisation Bedeutung hat, während die Polarisation durch freie Gase nur Arbeitsverluste herbeiführt und daher möglichst ganz vermieden werden muss.

Sofern man also die Bezeichnung „Polarisation“ nicht auf den Fall beschränken will, wo die freien Gase selbst electromotorisch wirken, sondern wenn die Gültigkeit derselben sich auch auf den Fall erstreckt, wo die Electroden durch die nascirenden Gase in ihrem electromotorischen Verhalten secundär verändert werden, kann man den Secundärelementen mit vollem Rechte den Namen „Polarisationselemente“ beilegen.

Hrn. Prof. Dr. W. Kohlrausch sage ich sowohl für die Anregung zu dieser Arbeit als auch für die Liberalität, mit der er mir die für die Versuche erforderlichen Apparate und Materialien zur Verfügung stellte, meinen herzlichsten Dank.

Electrotechnisches Institut d. Kgl. Techn. Hochschule zu Hannover, Januar 1887.

VI. ***Ueber sehr schnelle electrische Schwingungen; von H. Hertz.***

(Hierzu Taf. III Fig. 28—29.)

Die electrischen Oscillationen geöffneter Inductionsapparate haben eine Schwingungsdauer, welche nach Zehntausendtheilen der Secunde gemessen werden kann.[1] Etwa hundertmal schneller erfolgen die Schwingungen oscillirender Flaschenentladungen, wie sie Feddersen beobachtete.

1) Für die Litteratur siehe Colley, Wied. Ann. 26. p. 432. 1885.

「きわめて速い電気振動について」

エーレンホーフ記念碑

ボン大学旧物理研究室

ヘルツは一八八六年十二月初めに紫外線が火花放電を促進する効果を発見し、翌年五月二十七日に論文「紫外線の電気放電に対する効果について」を投稿した。後に「光電効果」と呼ばれるその現象の研究はライプツィヒ大学の私講師ヴィルヘルム・ハルヴァクスが継続した。一八八八年にハルヴァクスは紫外線の照射によって金属から負電荷が放出されることを確かめた。

ヘルツは一八八九年四月にボン大学教授クラウジウスの後任になった。物理研究室は旧大司教宮殿の建物にあった。住居もクヴァンティウス通りのクラウジウスが住んでいた家で、ボン駅を南に出ると目の前にある。一八九〇年には論文「静止物体に対する電気力学の基本方程式について」と「運動物体に対する電気力学の基本方程式について」を書いた。それには、五年前のヘヴィサイドと同じように、マクスウェルの方程式からポテンシャルを消去した現代のマクスウェル方程式が書かれている。ヘルツはヘヴィサイドに先取権を認めているが、ちょっとがっかりしたのかもしれな

クヴァンティウス通り旧居

い。陰極線が薄い金属層を通過することを発見した一八九一年の「陰極線の薄い金属層通過について」が最後の論文となった。その年四月に助手になったフィーリプ・レーナルトは、この性質を使って、放電管からアルミ箔を通して陰極線粒子を取り出すことに成功した。この「レーナルトの窓」を用いて、J・J・トムソンは電子を発見し、レーナルトは光電効果の実験を行うことになる。

ヘルツはこの頃から健康を害し、一八九四年元日に敗血症で亡くなった。三十六歳だった。前年十二月九日、死を覚悟して両親に送った最後の手紙が残されている。「私に何か起きても悲しまず、短くても十分に生きた特に選ばれたものであったことを誇りに思って下さい。この運命を望んだのでも、選んだのでもありませんが、こうなった以上、これで満足しなければなりません。私に選択が任されたとしてもおそらく私は自分自身でそれを選んだと思います。」最後の仕事は遺稿となった『力学原理』で、力学から力の概念を消去し、時間、空間、質量のみを用いて公理と演繹の数学体系をつくった。ボルツマンは一週間この本に没頭した。妻に宛てた手紙で思わず「愛しいヘルツ」と書いてしまったとのことである（ドイツ語で「愛する人」は Hertz ではなく Herz である）。

ヘルツは理論、実験物理学における天才であっただけでなく高潔な人柄だった。ボンでヘルツの指導を受けたヴィルヘルム・ビェルクネスはヘルツが並はずれて親切で、素朴で謙虚だったと言っている。ヘルツはビェルクネスの論文でヘルツの助言や手助けに言及させなかった。ビェルクネスを立てて表に出ないためだ。一方レーナルトはヘルツの指導のもとに陰極線の研究を始め、一九〇五年にノーベル賞を受賞した。アインシュタインが光量子仮説によってレーナルトの光電効果の実験を説明した。だがレーナルトは一九二九年に出版した『偉大な科学者』の中で、自身が校訂した『力学原理』について、「ヘルツの初期の実りある業績では隠れていた強いユダヤ精神が現れている（ヘルツにはアーリアとユダヤの精神が相容れ難く現れ、晩年には後者が支配的である）」と書いた。レーナルトは第一次大戦後ナチ物理学者になった。ヘルツの論文集編纂をまかされたことについて、研究の邪魔になったと言っているが、なんという恩知らずだ。

　振動数の単位にヘルツが選ばれたのはナチが政権を奪取した一九三三年である。ナチ官僚は純粋なアーリア人ではない物理学者の名を使うことに難癖をつけたので"Hz"はそのままにし、ヘルムホルツにしようとしたという話が残っている。ベルリンのハインリヒ・ヘルツ研究所は第三帝国の間「振動研究所」に改称させられた。アルスター湖の北端にあるアイヒェン公園に「エーテル波」という彫刻がある。ヘルツを記念して一九三三年に市参事会の委嘱でハンブルク分離派設立者の一人フリードリヒ・ヴィールトが制作したが、ナチに入れかわった市参事会はそれを廃棄した。ユダヤ人のヴィールトは一九四〇年六月十日に自殺した。彫刻はヘルツ没後百年の一九九四年にやっと公園に戻ってきた。ハンブルク電波塔の壁には「ハインリヒ・ヘルツ　ハンブルク市の息子へ」と刻まれた銘板が取り付けてある。

「エーテル波」

イーダ・エーレ墓所（上），ヴォルフガング・ボルヒェルト墓所（下）

ヘルツの墓はハンブルクの北にあるオールスドルフ墓地にある。ヨーロッパ最大の墓地は広大な森の中に墓が点在する森林公園である。ぼくが訪れたのは日曜日で案内所はしまっていた。なんの情報もないのにあきらめず駆けずりまわっていると、次から次へと芸術家たちの墓が見つかった。ブラームスの両親の墓もあった。イーダ・エーレ、ヴォルフガング・ボルヒェルトと九十歳まで生きたその母ヘルタ、アニタ・レー、ハンス・フォン・ビューローもこの墓地に眠っていた。ヘルツと同じ年に亡くなったビューローの埋葬式はオールスドルフで行われ、マーラーがベートーヴェンの『交響曲第三番』を指揮した。

ヨルダンの墓は見つからない。二時間の苦闘で息を切らせてあきらめかけたとき、愛鳥家に出会った。ヘルツの墓を訊ねると森の一角にあるヘルツ家墓所にすぐに連れていってくれた。ヘルツの墓のかたわらに若くして夫を失ったエリーザベトと二人の娘ヨハナとマティルデの墓があった。

アニタ・レー墓所（上），ハンス・フォン・ビューロー墓所（下）

ヘルツ夫妻墓所

エリーザベトは貧困の中、女手一つで娘たちを育てた。母娘三人は、J・J・トムソンの援助で、ナチを逃れて英国に亡命し、ケンブリッジ近郊の村ガートンに住んだ。エリーザベトが亡くなったのはボルヒェルトが東部戦線で凍えていた一九四一年も終わろうとする十二月二十八日のことである。

ヘルツの甥グスタフ・ヘルツの墓も側にあった。ハンブルク生まれのジェイムズ・フランクとグスタフ・ヘルツは「フランク-ヘルツの実験」で量子論を検証した。ナチの台頭でフランクは米国に亡命したが、グスタフ・ヘルツはベルリン工業大学を辞任しジーメンス研究所専任になったためナチ公務員法に触れず、最後までドイツ国内に留まった。ぼくは拙著で取り違えてヘルツのかわりに甥の写真を使った前科がある。二人の墓前で謝罪したことは断るまでもない。

案内してくれた愛鳥家が声をかけてきた。「墓なんかいつまで見てるんだい。あの木の上にいるフクロウを見ろよ。この森のフクロウはヨーロッパで一番でかいんだぜ。」

ライン河幻想紀行

ローレンツ

Hendrik Antoon Lorentz

フス記念館

スイスに源流があるラインは、いったんボーデン湖に流れ込み、コンスタンツから再び河になる。プラハ大学学長ヤン・フスは、コンスタンツ公会議で異端と断罪され、教義を撤回するよう求められたが信念を曲げず、火刑に処された。フス通りにフスが住んだとされた家がある。コンスタンツの西郊には火刑の場所を示す「フスの石」がある。フスの遺灰はラインにばらまかれた。ヴィクトル・ユゴーは一八四二年に『ライン河幻想紀行』（榊原晃三編訳、岩波文庫）を書いた。

「わたしは河が好きだ。河は商品を運ぶのと同じように思想を運ぶ。創造においては、万物は華麗な役割を担っている。河は巨大なラッパのように、大洋に向かって、大地の美しさ、田畑の耕作、都市の繁栄、そして人間の栄光を歌いかけている。……あらゆる河のうちでも、わたしが好きなのはライン河だ。……言わば商業と同じ船に乗って、異端と批判と自由の精神がこの大河を上下し、人間のあらゆる思想がこの河の上を通過していったにちがいあるまい。」

フスの石

ラインはコンスタンツからドイツとスイスの国境に沿って流れていく。無職のアインシュタインが一九〇一年九月に家庭教師をしていたシャフハウゼンの近くにライン瀑布がある。ラインはバーゼルでスイスを離れ、町中に疎水が流れる美しい町フライブルクを下り、フランス国境に沿って流れていく。「この河を初めて目にしたのは、一年前、ケールで浮橋を渡ったときだった。……この激越ではあるが憤怒しているわけではなく、野性的ではあるが威厳をもそなえた、誇り高く高貴な河を、わたしは長い間見つめていた。河を渡るとき、ラインは満々と水をたたえて華麗だった。」ケールの対岸はストラスブールだ。カールスルーエを過ぎるとラインはドイツの河になる。賭博熱に狂ったドストエフスキーはバーデンバーデンで全財産をすり、ヴィースバーデンで破滅的に負けた後、賭博の泥沼から抜け出した。いずれもラインの保養地である。

デュースブルクはライン最大の港町だが第二次大戦で灰燼に帰した。ある年のクリスマス休暇に、ドイツ人の友人のデュースブルクにある実家に招待された。彼女の父は石匠で、ドイツ統一後はヴァイマルにあるゲーテ・シラー像を修復するなど、東奔西走して活躍する名匠である。ナチの圧力の下で、ヒトラーユーゲントに加盟することを拒み続けた反骨の人だ。その名匠が猛烈なスピードで車を運転してケルン、エッセン、クサンテンなどラインの町にある大聖堂や修道院に案内し、石組みの見方を教えてくれた。シューマンが入水自殺をはかったデュセルドルフのラインを見たのもこのときである。シューマンが亡くなった病院と墓があるボンもラインの町だ。『ニーベルンゲンの歌』の英雄ジークフリートの生まれた町クサンテンも第二次大戦で壊滅した。クサンテンからオランダ国境は間近である。川幅が一キロにもなったラインはオランダに入ると低ライン川とワール川に分かれる。オランダに入って最初の町、低ライン河畔のアルンヘムも第二次大戦で瓦礫の山になった。空挺部隊を戦線後方に降下させてアルンヘムの橋を確保し、地上部隊に前線を突破させるマーケットガーデン作戦は、映画『遠い橋』にもなったが、地上部隊がアルンヘムの橋に到達でき

ステーン通り旧居跡

ず失敗に終わった。ドイツ軍によって強制疎開させられた市民がアルンヘムに戻ってきたとき美しい町は消滅していた。

ヘンドリク・アントーン・ローレンツは一八五三年七月十八日にアルンヘムのステーン通りで生まれた。三世代前にドイツのライン流域からオランダに移住してきた家系である。ローレンツの生家も一九四五年一月二十八日の戦闘で破壊された。戦禍を免れたのは町の北側にある広大で美しいソンスベーク公園の中に立つローレンツ像である。ローレンツは右側にハイヘンス、フレネール、マクスウェル、左側にプランク、アインシュタイン、ボーアのレリーフを従えている。

ローレンツの父は保育園経営者で、子連れの再婚だった母は一八五七年ローレンツが四歳のときに亡くなった。九歳のとき父が再婚した継母は子供たちを大切に育てた。六歳でスワーテル学校に入学し併設の夜間学校でティメル先生の優れた指導を受けた。十歳のときには対数を使えるようになっている。改革派首相ト

ソンスベーク公園

ールベッケによってオランダに高等市民学校がつくられ、一八六六年にはアルンヘムにも高等市民学校が創立された。七月に夜間学校を卒業したローレンツは入学試験を受けて三学年に編入され、五学年で卒業して一八七〇年十月にレイデン大学に入学した。

低ライン川はやがてレック川となりロッテルダムに流れていくが、現在は支流になってしまった古ライン川がローマ時代のライン本流だ。古ライン川はユトレヒトを通ってレイデンに至る。ローレンツはレイデン大学で天文学教授フレデリク・カイザーの講義に魅せられた。カイザーの死後学長は「彼には彼の中で燃える科学への確固たる無制限の愛があった。だから彼は学生たちの心を奮い立たせる方法を知っていたのだ」と言っている。ローレンツは、物理学者になったのはカイザーの影響だった、と言っている。また数学教授ピーター・ファン・ヘールについて「ファン・ヘールは心を奪われるその講義で数学の詩を感じさせた」と言っている。一八七一年には数学・物理学で学士試験に合格した。数学の口頭試問でファン・ヘールは「合格だが、期待した高水準に完全には達してない」と不満を述べたが、博士試験と間違えていた。

ローレンツは、博士論文の準備を大学ではなく独学で行うことにし、一八七二年二月に夜間学校教師としてアルンヘムに帰った。年齢もあまり違わず、物理などに興味を持たない生徒を教えるのに苦労したが、研究時間を十分取れることで満足し、もっと条件のよい職を探さなかった。一八七五年十二月十一日に論文「光の反射と屈折の理論について」によって博士号を得た。一八七七年に高等教育の新法が施行され、レイデンに理論物理学講座、アムステルダムに大学と物理講座が創設された。ファン・デル・ワールスはアムステルダム、ローレンツはレイデンに着任した。現在法学部が使っているカマーリング・オーネスヘボウが当時の理学部の建物だ。ローレンツはストーヴのまわりに集まった学生と雑談し、学生をからかったりした後で、おもむろに「皆さん、始めようと思うがどうだろう?」と言って講義を始めた。講義の後は学生を連れてラーペンブルフを歩きテュルフマルクトにあったタ

ホーイフラフト60旧居

バコ屋の二階にある下宿に戻りまた話に花を咲かせた。

一八八一年にアレッタ・カイザーと結婚した。アレッタの父は彫刻家でアムステルダム美術学校教授をしており、後にアムステルダム国立美術館館長になっている。天文学教授フレデリク・カイザーとは兄弟だった。ローレンツの新居はホーイフラフトに現存する。一八八六年には同じ通りにある家を購入し一九一二年にハールレムに移るまでそこに住んだ。ローレンツの主要な論文はこの家で書かれた。訪れたとき、現在の住人にちょうど出会って、家の中や中庭まで見せて頂いた。

ローレンツの偉大な業績は電子論である。ローレンツは「マクスウェルの考え方を理解することは必ずしも容易ではなかった。彼の本は古い考え方から新しい考え方への移行を忠実に記録しているために、統一性に欠けているようだ」と言っている。マクスウェルの理論では電荷の意味がはっきりしなかった。マクスウエルは誘電体であるエーテルが分極することによって

ホーイフラフト48旧居

カマーリング・オーネスヘボウ

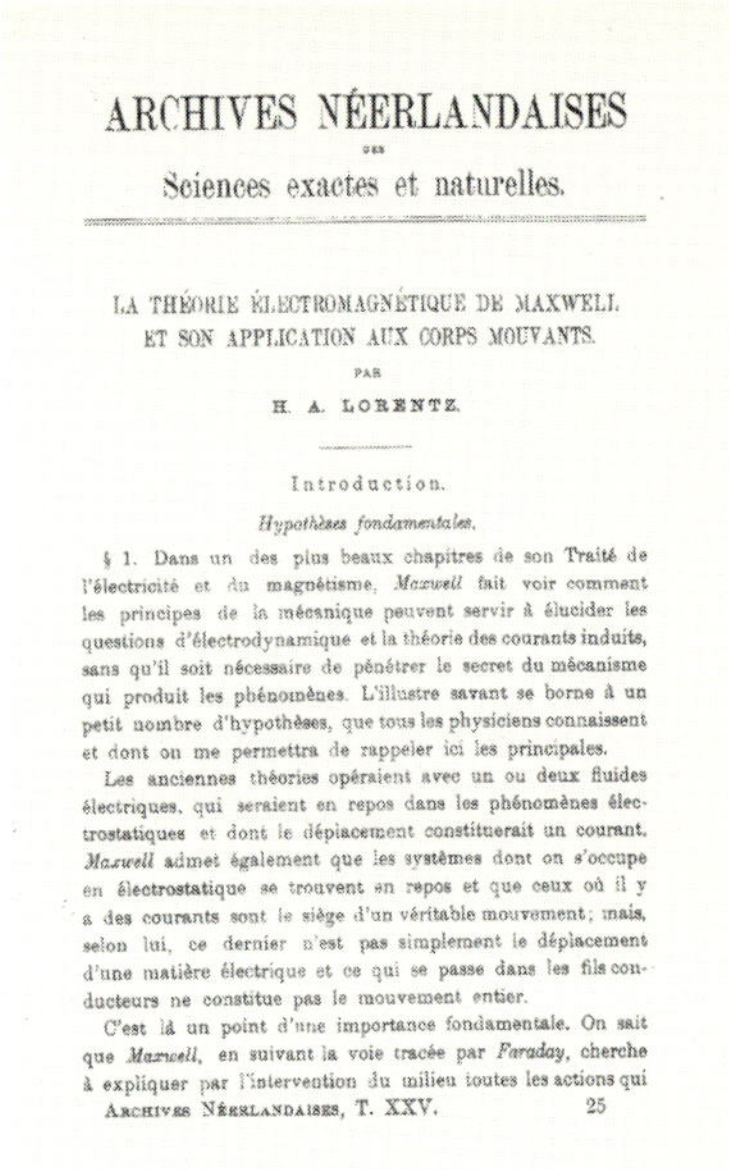
ARCHIVES NÉERLANDAISES

DES

Sciences exactes et naturelles.

LA THÉORIE ÉLECTROMAGNÉTIQUE DE MAXWELL ET SON APPLICATION AUX CORPS MOUVANTS.

PAR

H. A. LORENTZ.

Introduction.

Hypothèses fondamentales.

§ 1. Dans un des plus beaux chapitres de son Traité de l'électricité et du magnétisme, *Maxwell* fait voir comment les principes de la mécanique peuvent servir à élucider les questions d'électrodynamique et la théorie des courants induits, sans qu'il soit nécessaire de pénétrer le secret du mécanisme qui produit les phénomènes. L'illustre savant se borne à un petit nombre d'hypothèses, que tous les physiciens connaissent et dont on me permettra de rappeler ici les principales.

Les anciennes théories opéraient avec un ou deux fluides électriques, qui seraient en repos dans les phénomènes électrostatiques et dont le déplacement constituerait un courant. *Maxwell* admet également que les systèmes dont on s'occupe en électrostatique se trouvent en repos et que ceux où il y a des courants sont le siège d'un véritable mouvement; mais, selon lui, ce dernier n'est pas simplement le déplacement d'une matière électrique et ce qui se passe dans les fils conducteurs ne constitue pas le mouvement entier.

C'est là un point d'une importance fondamentale. On sait que *Maxwell*, en suivant la voie tracée par *Faraday*, cherche à expliquer par l'intervention du milieu toutes les actions qui

ARCHIVES NÉERLANDAISES, T. XXV. 25

「マクスウェルの電磁理論と運動物体への応用」

電荷が生じると考えた。一方ヴェーバーは、電荷を担う粒子が存在し、真空を隔てて直接作用を及ぼしあうと考えた。

　ローレンツがマクスウェル理論を取り上げるようになったのはヘルツの実験以後である。一八九二年に論文「マクスウェルの電磁理論と運動物体への応用」を書いたのはもう四十歳になろうとする頃である。ヴェーバーの電子仮説と、フレネールのエーテル仮説を融合し、電荷とエーテルを完全に分離した。物質を構成する電荷とその運動がその周囲の電磁場（エーテル）を変化させ、その電磁場の波動、すなわち電磁波が光速度で伝搬し他の電荷に作用すると考えた。電荷は電磁場のみに作用し、電磁場は電荷のみに作用する。今日では「当たり前」になり、ローレンツの独創を忘れがちである。この論文に電磁場が電荷に作用する力が書かれているが、後に「ローレンツ力」と名づけられた（磁場からの力はガウスの遺稿や三年前のヘヴィサイドの論文にも書かれている。ローレンツ力による「サイクロトロン振動」を最初に導いたのはエードゥアルト・リーケで一八八一年のことである）。

　一八九〇年にピーター・ゼーマンがローレンツの助手になった。一八九三年に学位を得たゼーマンは、シュトラースブルクでエーミール・コーンに師事した後、一八九五年にレイデンの私講師になった。翌年ナトリウムのD線の幅が磁場中で広がることを発見した。ゼーマンの論文「物質によって放出される光の性質に対する磁気の影響」にローレンツによる説明が書かれている。磁場中で原子の中の電子（ローレンツはイオンと呼んだ）は、磁場の方向に対して右回りか左回りかによって回転数が異なり、スペクトルが分離する。分離の幅の測定値から電子の比電荷（電荷と質量の比）が水素イオンの比電荷の千倍程度も大きいことを見つけた。トムソンの電子発見より前である。ローレンツは一八九八年の論文「イオンの電荷と質量に関係する光学現象」でゼーマン効果と光の分散から電子の電荷と質量を評価した。

ローレンツの娘ヘールトライダ・リュベルタ（ローレンツの実母と継母の名を受け継いだ。物理学者になり、アインシュタイン-デ・ハース効果で知られるデ・ハースと結婚した）によると、ローレンツは書斎の壁に飾ってあった肖像画の中でもフレネールとヘルツに特別な尊敬の念を抱いていたようである。ローレンツは一八九五年頃までは外国の研究者とは直接の接触がなく、レイデンで一人静かに研究に没頭していた。ボルツマンの求めに応じて一八九八年のデュセルドルフにおけるドイツの学会に出席したのが外国の会議の最初である。そのとき以来物理学者との交流が始まったが、ローレンツより四歳下のヘルツは一八九四年にすでに亡くなっていた。ヘルツが電磁波を発見したカールスルーエも、終焉の地となったボンも、レイデンの上流にあるラインの町だ。ローレンツはヘルツに会えなかったことを生涯悔やんだ。

ポツダム駅南にテレグラーフェンベルクがある。長い坂道アルベルト・アインシュタインヴェークが山頂にある研究施設の集合「アルベルト・アインシュタイン科学公園」まで続いている。そこで研究する女子大

ヘンドリク・アントーン・ローレンツ

マイケルソンハウス

学院生が道を案内していっしょに歩いてくれたので助かった。この広大な敷地の中央にある旧天文台の建物は「マイケルソンハウス」と名づけられている。米国海軍アカデミーのマイケルソンはベルリンに留学していた。ヘルムホルツの紹介で天文台を実験場所に提供されたマイケルソンは一八八〇―八一年冬に有名な実験を行った。静止エーテルを仮定すると、地球上の実験室のようにエーテルに対して運動する系で、マクスウェルが指摘したように、光速度は運動方向によって異なるはずである。マイケルソンは、そのような運動の効果はない、という実験結果を発表した。米国に帰ったマイケルソンは一八八七年にはモーリーと共同でさらに精密な実験を行い、同じ結論を得た。

ローレンツは一八九二年の論文「地球とエーテルの相対運動」でマイケルソンとモーリーの実験を説明するために、物体がエーテルに対して運動すると、その運動方向に収縮するとする「収縮仮説」を提案した（フィッジェラルドは一八八九年に同じ考え方を述べていた）。ローレンツは一八九九年の論文「運動系における電気光学現象の簡単化された理論」ですでに時間と空間座標および電磁場に対するローレンツ変換を導いているが、一九〇四年の論文「光速度以下の速度で運動する系における電磁的現象」でより明確にローレンツ変換を与えた。それは、翌年アインシュタインが相対論によって導いた変換則と数学的には同じ形をしている。だが、ローレンツの局所時間（変換した時間）はアインシュタインと異なり、数学的な補助量であって本当の時間ではなかった。そのため変換したマクスウェル方程式は完全には同じ形になっていなかった。ローレンツは一九一五年『電子論』第二版に「私の失敗の主要な原因は、変数tだけが真の時間とみなすことができ、私の局所時間t'は単なる数学的な補助的な量とみなさなければならないという考え方を捨てきれなかったことにある」と書き加えた。

ヘヴィサイド、ヘルツのマクスウェル方程式をいち早く取り入れ、ローレンツの理論を発展させてエーテルを否定し、相対論にもう一歩のところにいたのがヘルツの友人だったエーミール・コーンである。アインシュタインが登場するまで、コーンは注目される理論物理学者だったが、アインシュタイン以後は論文もあまり書かなくなった。コーンは一八八四年にシュトラースブルクで教授資格を得て助教授になった。一九一八年に六十四歳になるまで正教授に昇格しなかったのは反ユダヤ主義の差別があったからだと言われている。その年ドイツが敗戦しフランス軍が町を占領した。コーンはクリスマスイヴにストラスブールから追い出された。翌年ロストック、翌々年にフライブルクの非常勤教授になった。一九三五年に引退、ナチの圧迫のもとで一九三九年スイスに亡命し、一九四四年一月二十八日に八十九歳で亡くなった。コーンは明るく生き生きした人で、最後まで精神的な若さを失わなかった。

スイスでラインに合流するアーレ川をさかのぼると、アインシュタインゆかりのアーラウやベルンを通って、コーンが亡くなった村リンゲンベルクに出る。ホームズゆかりのライヒェンバッハの滝はそこから間近だ。

ハールレムはアムステルダムからもレイデンからも近い小さな町である。アムステルダムからバスに乗っ

テイレル博物館

てよく散歩に出かけたが、いつも、ハールレム生まれの画家ライスダールの傑作『ハールレム眺望』を思い出した。少年モーツァルトがオルガンを弾いた聖バーフォ教会が町の中心にある。ローレンツは一九一二年にレイデン大学を退職し、ハールレムにあるテイレル博物館の物理部門部長として赴任した。テイレル博物館は聖バーフォ教会のすぐ近くで、前を流れるスパールネ川にかかる白い跳ね橋が見える景色のいい場所にある。ローレンツはハールレムの南端にあるユリアナ

テイレル博物館ローレンツ肖像

ローレンツ像

ユリアナ通り旧居

通りの家に住んだ。家の前にある広場にはローレンツ像がある。
　ローレンツはハールレムに移ってからも毎週月曜日午前にレイデン大学で物理の講義を続けた（カマーリング・オーネスへボウに隣接してランゲブルフにあったローレンツ研究室は、一九九八年にカマーリング・オーネス研究室とともに、郊外の新しい建物に移った）。一九一八年には、洪水を防ぐためにザイデル海を堰き止める計画の調査委員会委員長に指名された。

ローレンツ研究室

ローレンツ墓所

ローレンツは堤防の外海にできる潮汐波の理論計算を行い、堤防の高さを決定した。一九二六年に三百四十五頁の報告書を提出したが、その半分以上はローレンツがみずから執筆した。

　ローレンツは一九二八年二月四日に亡くなった。ユリアナ通りはローレンツ広場と改称された。二月九日に葬列がローレンツの家から聖バーフォ教会、市庁舎を過ぎ、ハールレム駅を越えた北側にあるクレーフェルラーン墓地にたどり着くまで続き、市民がローレンツを悲しみで見送った。墓地ではエーレンフェスト、ラザフォード、ランジュヴァン、アインシュタインが弔辞を述べた。ローレンツの目立たない墓は今でもこの墓地にある。師のコーンより少し前の一九四三年十月九日に亡くなったゼーマンの墓も同じ墓地にある。アフスライト堤防は一九三三年に完成しザイデル海はエイセル湖になった。ローレンツはその完成を見ることはなかったが、ローレンツ委員会の計算値が驚くほど正確であったことが証明された。

ゼーマン墓所

光の守護神

レントゲン

Wilhelm Conrad Röntgen

フォーゲルスブルクからの眺望

マインはフランケン地方を流れる美しい川だ。バイロイト南西のフランケンスイスに源流があり、マインツでラインに合流するまで東西に流れるのだが、その向きは大きく変化する。シュヴァインフルトで南下するかと思うと、一転北上してヴュルツブルクを通り抜け、ザーレ川が流れ込むと再び南下し、タウバー川との合流点ヴェルトハイムで西に、さらに北に転じ、フランケン地方の西の境界アシャフェンブルクとフランクフルトを通ってラインに至る。ヴェルトハイムではマインを見おろす崖の上に廃城がそびえている。雄大な眺めと廃墟とが歴史を思い起こさせる。ここは農民戦争で農民軍団が結成された場所で、三十年戦争でも攻防の舞台となった。

ヴュルツブルク上流でもマインは複雑に蛇行している。南下するマインは小さな町フォルカハ近くでフォーゲルスブルクという丘を東に迂回するように流れている。フォルカハはフランケンワインの生産地である。斜面はぶどう畑でおおわれ、ふもとを流れるマインと小さな村と「バイエルン青」の空が胸をときめかせる。

ぶどう畑の聖母教会

フォルカハ西側の小高い丘の上に小さな「ぶどう畑の聖母教会」がある。巡礼の道を上った教会の中にばらの花に囲まれた聖母子像がつり下げられている。一五二二年にティルマン・リーメンシュナイダーが制作した傑作である。リーメンシュナイダーの誠実で清楚な彫刻を見ていつも感じるのは静かな悲しみである。

リーメンシュナイダーはヴュルツブルクで彫刻家として名声を得て市の参事会員になり一五二〇—二一年に市長も務めた。だが一五二四年に農民戦争が始まった。タウバー渓谷の農民たちも軍団を結成し支配者の司教がいるヴュルツブルクに押し寄せ、マイン河畔にそびえるマリーエンベルク要塞を包囲した。リーメンシュナイダーは領主司教の命令に従わず農民の側に立った。このときルターが支配者側についたことで形勢が変わった。農民軍団は壊滅し、指導者たちはヴュルツブルク市内で処刑された。リーメンシュナイダーもマリーエンベルクの地下牢に幽閉され拷問を受けたが罪状を認めなかった。死を免れた後の作品が残されていないのは再び彫刻ができないように指や腕の関節を折られたからだと言われている。その後リーメンシュナイダーは完全に忘れ去られた。ドイツを代表する彫刻家として認められるようになったのは近年のことである。

トーマス・マンは一九四五年五月二十九日にワシントンで講演『ドイツとドイツ人』（青木順三訳、岩波文庫）を行った。ドイツが無条件降伏して三週間たったばかりのときである。その講演でマンはルターとリーメンシュナイダーを対比させた。「ヴィッテンベルクの激烈に内面的な野人」ルターが「農民を狂犬のように打ち殺せと命じ、諸侯たちに対して、今こそ土百姓どもを虐殺し、絞殺することによって天国を手に入れることができるのだ」と呼びかけたのに対し、リーメンシュナイダーについて次のように言っている。「貧しい人々や圧迫された人々のために脈打っていた彼の心は、彼が正義であり神意にかなっていると認めた農民の立場に味方し、領主や司教や諸侯に反抗するように、彼を強いたのです。……彼はそのために、恐ろしい償いをしなければなりませんでした。というの

マリーエンベルク要塞

は、農民一揆が鎮圧されたのち、彼が反抗した勝ち誇る歴史的勢力は残虐極まる復讐を彼に加えたからです。彼らは彼を投獄し、拷問にかけました。そして彼は、木や石から美を呼び起こすことがもはやできない打ちのめされた男となってそこから出てきたのであります。」だが、リーメンシュナイダーのような例は特徴的にドイツ的なるものではなく、「怒りっぽくて粗野なところ、罵詈雑言、唾棄、激昂、恐ろしく逞しいところ」を体現しているのはルターであったと分析している。

　ヴュルツブルク駅前の広い道路レントゲンリングを歩いていくとマインにかかる橋に出る。マインの西側にそびえるマリーエンベルク要塞が美しい。このレントゲンリングに「W・C・レントゲンはこの建物で一八九五年に彼の名によって呼ばれる放射線を発見した」と壁に書かれたヴュルツブルク大学の建物がある（レントゲン自身はX線を「レントゲン線」と呼ぶことを許さなかった）。レントゲンの研究室と住居があった。X線発見は微視の世界への扉を開いた。またX線を用いた研究によってノーベル賞を受賞した科学者は数えきれない。アインシュタインの光量子仮説を検証したコンプトンもその一人である。コンプトンは一九五九年に「レントゲンによる発見以来X線によって救われた命の数はそのとき以来戦われたすべての戦争で失われた命の数よりも多い」と言っている。

　ドイツを代表する電器会社AEGの技術顧問マクス・レーヴィがレントゲンの研究室を訪れた。X線に関する今後すべての開発をAEG社に任せるという提案を持ってやってきたのである。だがレントゲンは

ヴュルツブルク大学

「ドイツの大学教授のよき伝統に従って、その発見や発明は人類に所属するものであり、それらは特許とか、ライセンスとか、契約とか、あるいはある特定の団体によって管理されるべきではない、というのが私の意見です」と言って申し出を断った。レーヴィは、偉大な業績をあげたというだけではなく、気高い理想を持った科学者に出会ったのだと知って引き下がった。レントゲンはノーベル物理学賞の最初の受賞者になったが記念講演をしないで帰国した。妻の病気が心配だった。賞金はすべてヴュルツブルク大学に寄付した。貴族の称号フォンも拒否した。

ヴィルヘルム・コンラート・レントゲン

米国総領事も米国の会社が特許を申請できるようレントゲンに接触してきたがレントゲンは返事もしなかった。エディソンは「レントゲン教授はその発見から一ドルももうけないだろう。彼は楽しみで研究し、自然の神秘を探究したい純粋科学者に属している。彼らが何かすばらしいものを発見したら誰か他のものがそれを商業的見地から見直さなければならない。レントゲンの発見もそうである。誰かがその使い方ともうけ方を見つけなければならない」と言っている。金に目のくらんだ人々の狂想曲はすさまじかった。ディジョンのゴドアン某はX線を脱毛に使うことを思いつき、高額の料金でたくさんの客を集めたが、効果がないとわかった婦人たちから料金の返還を求められると金をかかえて逐電した。

ネーエルによる伝記『レントゲン』（常木實訳、天然社）が古本屋の棚の片隅に何年も売れ残っていたが、参考のために買ってみた。原著は一九三六年出版である。次のような文が時代を反映している。「レントゲン線の嫉視者や否認者は、レントゲンに向かつて幾度か突撃したが、結局は撃退された。彼等は誰かが出現して新発見を発表する度毎に、突撃する。特殊相対性理論が——ああ！　些々たる一理論が、太り過ぎた主知主義の最後の言説として、柔弱の奴輩を魅了し去つた時すらも、机の小抽斗から古紙を抜き出して、初めに発見したのは俺様だなどと吐かす手合がゐた。」

レントゲンに突撃したのはレーナルトである。レーナルトがヘルツのもとで始めた陰極線の研究はレントゲンによるX線の発見、J・J・トムソンによる電子の発見、アインシュタインによる光量子仮説の基礎となった。レーナルトはノーベル賞講演でレントゲンについて「あの発見はこの段階では自動的に得られたと私には思われる」と言っている。「この段階」というのはレーナルトがほとんどのことをすでにやった段階という意味である。レーナルトはレントゲン、J・J・トムソン、アインシュタインに恨みを持ち続けた。戦後ヴュルツブルクで行われた米国人による尋問でレーナルトは「レントゲンはユダヤ人の友人だったし、ユダヤ人のように振る舞っていた」と答えた。

タウバーはケルト語で「泡だって流れる」という意味である。ローテンブルクからヴェルトハイムまで渓谷沿いに小さな町を訪ねると、そこここの教会や礼拝堂でリーメンシュナイダーに出会う。かつて農民軍団が血みどろの戦いをした場所とは思えない静かな場所だ。タウバービショフスハイムの近くにメッセルハウゼンという小さな村がある。レーナルトは戦後この村

レーナルト墓碑

に引きこもりここで亡くなった。教会の庭にある墓石には「ノーベル賞受賞者」と「苦痛は短く、喜びは永遠に」が刻まれていた。ドイツ人の友人に報告したら「それではレーナルトは反省しているようにみえない」と言っていた。直木三十五旧居にある碑文「芸術は短く、貧乏は長し」とはえらい違いだ。

ところでネーエルは相対論を「些々たる一理論」と言っているが、それではレントゲンの伝記を書く資格はない。レントゲンの業績には相対論の検証となる実験も含まれているのである。X線の発見があまりにもセンセイショナルだったために他の業績が忘れられているが、レントゲンは物理の基本的な問題に取り組む誠実な物理学者だった。レントゲンのもとで学位を取ったヨッフェに葉書で「私は貴君に、センセイショナルな発見ではなく、まじめな科学的研究を期待しています。レントゲン」と書いた。

マンは講演の中で、ドイツ人はスイスに旅行するだけで田舎から世界に出たように感じると言っている。レントゲンがオランダとスイスで育ったことがルターやレーナルトとは異なる人格を形成したのかもしれない。ゾーリンゲンから列車で三十分足らずでレムシャイト=レネプ駅に着く。駅から下っていくと、スレイト葺きの壁と白い窓枠と緑のよろい戸の家が並ぶ美しい旧市街に出る。円形の町はすり鉢状になっていて駅とは反対側にドイツレントゲン博物館がある。すぐ側にある記念碑「光の守護神」からしばらく行ったゲンゼマルクトに生家がある。ヴィルヘルム・コンラート・レントゲンは一八四五年三月二十七日にこの家で

ゲンゼマルクト生家

アーペルドールン中央通り旧居

生まれた。三歳のとき一家は母の実家があるオランダのアーペルドールンに移った。駅から続く中央通りを十五分ほど歩いて町を突っ切った端にある旧居は「レントゲンカフェ」になっていた。一八六二年にユトレヒトの工業高校に進学した。下宿は新運河のそばにある。レントゲンは翌年退学させられた。教室のストーヴに教師の戯画を描いた級友の名を隠し通したためだ。高校卒業資格がないので一八六五年一月にユトレヒト大学の聴講生になったが、ＥＴＨは試験だけで入学で

ユトレヒト新運河下宿

チューリヒ，ザイラーグラーベン下宿

きることを知って十一月にチューリヒに移り、入学試験を免除されて機械工学の学生になった。一八六六―六九年に住んだ下宿がザイラーグラーベンに現存する。近くの食堂で生涯の伴侶となるベルタと恋におちた。ベルタの父は学生時代革命運動に関係したかどでイェーナから亡命しチューリヒで食堂「緑のガラス亭」を経営していた。

レントゲンはアウグスト・クントの助言で物理を専攻することにした。一八六九年に学位を得てクントの助手となり、一八七〇年にクントに伴ってヴュルツブルクに赴任したが、ヴュルツブルク大学は高校卒業資格がないことをたてにレントゲンに教授資格を与えなかった。後にレントゲンが教授として戻ってきて学長になりX線を発見したとき、レントゲンに教授資格を与えなかった連中はどんな顔をしたのだろう。レントゲンはベルタと結婚しハイディングスフェルダー通りのアパートに住んだ。ハイゼンベルクの生家があった通りでもあるが戦災で壊滅した。車を運転して連れていってくれたドイツ人女性に「ぼくは目をつぶって昔の雰囲気を感じるんだ」と言ったら彼女は「じゃあ、あなたが雰囲気を味わっている間に私はパンを買ってくるわ」とパン屋に入ってしまった。

一八七二年クントに従ってシュトラースブルクに移り、一八七四年に教授資格を得て私講師になった。シュトラースブルクの学則もヴュルツブルクと同じだが大学は頑迷固陋ではなかった。一八七六年助教授になり、一八七九年ギーセンに正教授として招聘された。ギーセンはフランクフルトから列車で三十分ほどの距

ギーセン南アンラーゲ旧居

レントゲン記念碑

離にある大学町だ。普仏戦争に反対して投獄され、その後社会民主党を創立したヴィルヘルム・リープクネヒトは故郷を想って「私のギーセンはすばらしい。それは決して小さなパリではない。それはギーセンだ」と言っているが、ギーセンもまた第二次大戦の犠牲になり、生家は戦災でなくなった。ギーセンを囲む東西南北の大通り「アンラーゲ」の一つ、南アンラーゲにX線をデザインした彫刻がある。近くにレントゲンの住んだアパートが残っていた。

最初の研究室

ギーセン大学

ギーセン駅近くのフランクフルト通りにレントゲンの前任教授ハインリヒ・ブフの家がある。その裏に増築した粗末な建物が残っている。レントゲンはここを最初の研究場所にしたが、やがて新築された物理の建物に移った。現在は大学本部として使われている建物に入ると、「ヴィルヘルム・コンラート・レントゲンは一八七九年から一八八八年までギーセンで研究し教えた。当時の物理研究室のこの部屋でレントゲン電流を発見した」と書かれた銘板を取り付けた部屋がある。

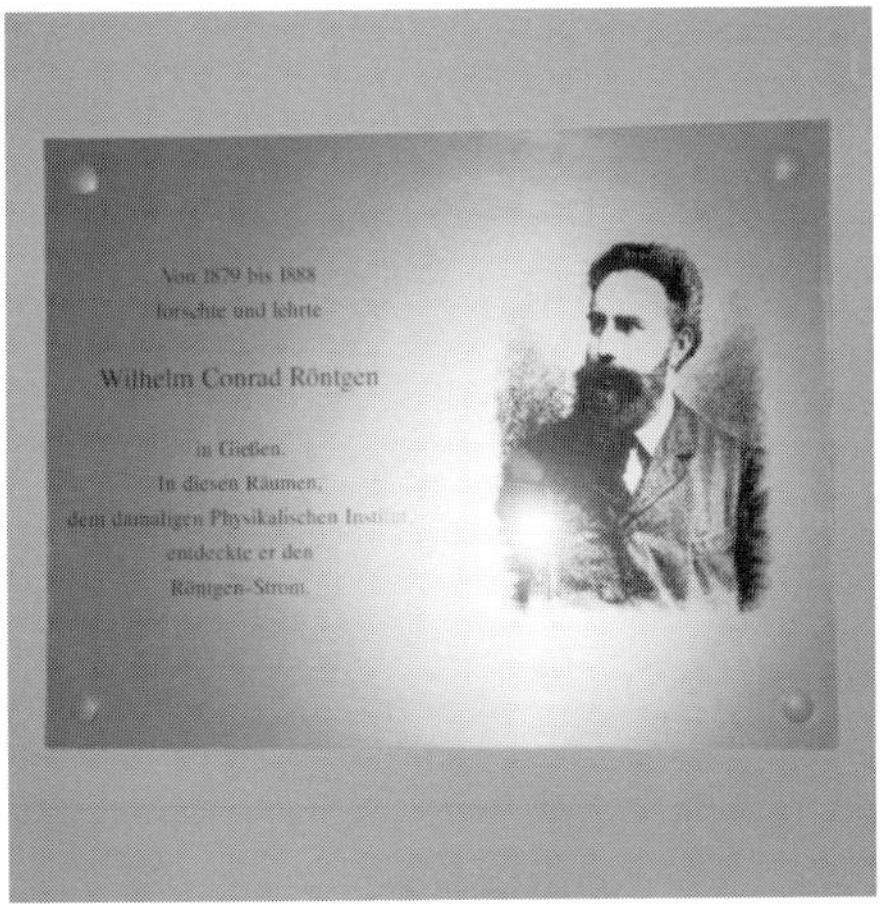

レントゲン研究室銘板

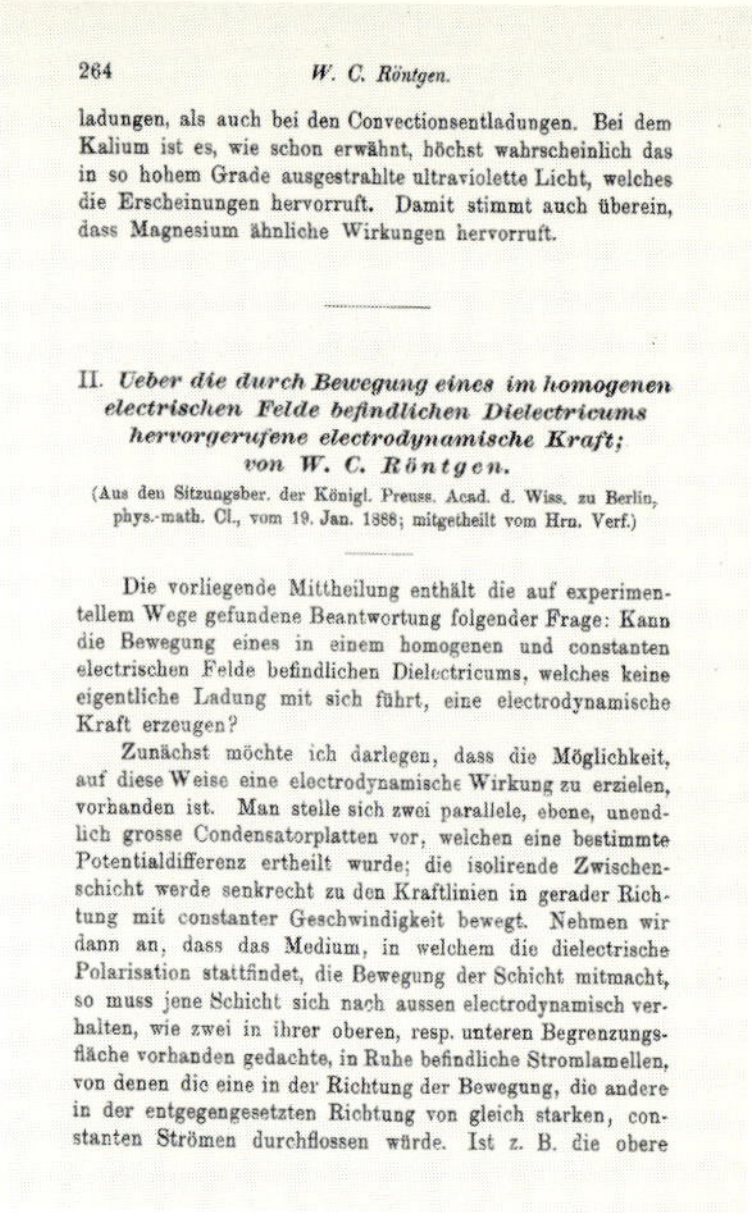
264 *W. C. Röntgen.*

ladungen, als auch bei den Convectionsentladungen. Bei dem Kalium ist es, wie schon erwähnt, höchst wahrscheinlich das in so hohem Grade ausgestrahlte ultraviolette Licht, welches die Erscheinungen hervorruft. Damit stimmt auch überein, dass Magnesium ähnliche Wirkungen hervorruft.

II. ***Ueber die durch Bewegung eines im homogenen electrischen Felde befindlichen Dielectricums hervorgerufene electrodynamische Kraft; von W. C. Röntgen.***

(Aus den Sitzungsber. der Königl. Preuss. Acad. d. Wiss. zu Berlin, phys.-math. Cl., vom 19. Jan. 1888; mitgetheilt vom Hrn. Verf.)

Die vorliegende Mittheilung enthält die auf experimentellem Wege gefundene Beantwortung folgender Frage: Kann die Bewegung eines in einem homogenen und constanten electrischen Felde befindlichen Dielectricums, welches keine eigentliche Ladung mit sich führt, eine electrodynamische Kraft erzeugen?

Zunächst möchte ich darlegen, dass die Möglichkeit, auf diese Weise eine electrodynamische Wirkung zu erzielen, vorhanden ist. Man stelle sich zwei parallele, ebene, unendlich grosse Condensatorplatten vor, welchen eine bestimmte Potentialdifferenz ertheilt wurde; die isolirende Zwischenschicht werde senkrecht zu den Kraftlinien in gerader Richtung mit constanter Geschwindigkeit bewegt. Nehmen wir dann an, dass das Medium, in welchem die dielectrische Polarisation stattfindet, die Bewegung der Schicht mitmacht, so muss jene Schicht sich nach aussen electrodynamisch verhalten, wie zwei in ihrer oberen, resp. unteren Begrenzungsfläche vorhanden gedachte, in Ruhe befindliche Stromlamellen, von denen die eine in der Richtung der Bewegung, die andere in der entgegengesetzten Richtung von gleich starken, constanten Strömen durchflossen würde. Ist z. B. die obere

「一様電場中の誘電体の運動によって生じる電磁力について」

レントゲンは一八八八年に論文「一様電場中の誘電体の運動によって生じる電磁力について」を発表した。電場中で誘電体を運動させると磁場が生じることを発見したのだ。

マクスウェルは磁場中で物体を運動させると電場が生じることを見つけた。電磁場の対称性を追究したヘヴィサイドは電場中で物体を運動させると磁場が生じると考えた。ヘルツは「運動による磁場」がレントゲンの観測した磁場に関係することに気づいた。磁場の存在は電流の存在を意味する。ローレンツはこの電流をその理論に取り入れ、ポアンカレーとローレンツがその電流を「レントゲン電流」と呼んだ。「運動による電場」はガリレイ変換で導けるが、「運動による磁場」はローレンツ変換によって導かれる純然たる相対論的効果である。レントゲンが観測した「運動による磁場」は、一八七八年のロウランドの実験と並んで、電荷の運動が磁場の源になることを示している。レントゲン自身、X線発見よりこの研究の方が価値があると思っていた。

またレントゲンはこの論文でコンデンサーを運動させたときコンデンサーに回転力が働かないことを発見した。帯電したコンデンサーは正負の電荷対である。運動する電荷対には回転力が働くからコンデンサーは回転するはずだが、コンデンサーとともに運動する観測者から見れば回転力はなく、コンデンサーは回転するはずがない。後にトルートンとノーブルはレントゲンと同じ結果を得た。レントゲンは一八八八年にヴュルツブルク、一九〇〇年にミュンヘンに移った。ミュンヘンで同僚の私講師ラウエは一九一一年にこのパラ

ヴァイルハイム

摂政宮外通り旧居

レントゲン胸像

ドクスを相対論によって説明した。

ミュンヘンの大通り摂政宮通りを東に歩いてルイートポルト橋でイーザル川を渡ると摂政宮外通りになりオイローパ広場に出る。メール通りとの交差点にあるアパートはレントゲンが一九一九年まで住んだ家だ。レントゲンは夏の家も持っていた。ミュンヘン中央駅から列車で四十分ほど南西に行くとバイエルンアルプスのふもとにある小さな町ヴァイルハイムに着く。並木道に沿って小川が流れる美しい町だ。マリーエン広

マリーア=テレジア通り旧居

場にある博物館にはレントゲンの胸像が展示されていた。街はずれのクロッテンコップ通りを南下するとやがて人家がなくなり、市外に出る。南端の農家で訊ねたらレントゲンの別荘は取り壊され現存しないとのことだった。レントゲンは自然を愛し、友人たちを招待して登山に出かけた。晩年は別荘に住み、講義のために鉄道でミュンヘンに通った。

一九一九年に六歳年上のベルタが亡くなった。レントゲンの最後の家はオイローパ広場から少し南下したマリーア=テレジア通りにあり銘板が取り付けてある。第一次大戦後の未曾有のインフレでレントゲンは財産のすべてを失った。ヨッフェが訪ねてきても本物のコーヒーを出すことが困難なほどだった。レントゲンは孤独と貧困の中で一九二三年二月十日に亡くなり、両親と妻の眠るギーセンの墓に埋葬された。レントゲンのすぐ近くに前任教授ブフの墓がある。ブフの伯母シャルロッテはゲーテの『若きヴェールター の悩み』のロッテのモデルだ。

レントゲン墓所

白ばら通りの白い家

エーレンフェスト
Paul Ehrenfest

ウィッテローゼン通り旧居

レイデン大学のアカデミーヘボウは美しい運河沿いのラーペンブルフにある。そこからさらにまっすぐ南に歩いていくと運河から離れてカイザー通りになる。運河を埋めてつくった通りだ。ウィッテシンゲル、白い堀、を渡り、堀沿いに少し行くと小さな運河に出会う。運河沿いは静かな住宅街ヤン・ファン・ホイエンカーデになっている。ヤン・ファン・ホイエンはレイデン生まれの風景画家だ。その通りをぶらぶら歩いていくとウィッテローゼン通り、白ばら通りの角に、まわりとは違うロシア風三階建ての白い家がある。壁にはエーレンフェストと夫人タティヤーナのための銘板が取り付けてある。

エーレンフェストは一九一二年十月にローレンツの後任としてレイデン大学に赴任してきた。エーレンフェスト夫妻が新築した白い家は物理学者の集まる場所になった。エーレンフェストは水曜コロキウムを自宅で開いた。遠来の客は三階の客室に泊まった。アインシュタインはベルリンに移った一九一四年からエーレンフェストを訪ねてくるようになったが一九二〇年か

ヒンベルガー通り生家跡

らは特別教授としてレイデンにやってきた。偶然だが、アインシュタインの学生時代に同級生だったマルガレーテ・ニーウェンハイスが目の前のヤン・ファン・ホイエンカーデの家に住んでいた。アインシュタインは彼女を訪問し昔話をした。一九六三年に九十歳のマルガレーテがTVのインタヴューに応じたとき、「工業学校の私の成績はすべての科目でアインシュタインよりも半ポイント上でした」と言っている。またエーレンフェストの家からは有名な作曲家の曲の、へんてこな、突拍子もない演奏が聞こえてきたとも言っている。

パウル・エーレンフェストは一八八〇年一月十八日にヴィーンの南端地区にあるヒンベルガー通りで生まれた。生家は残っていない。父ジグムントは、モラヴィア地方の織物工場で働く貧しいユダヤ人労働者だったが、ヨハナと結婚後ヴィーンに出て雑貨店を開き成功した。後に中心の繁華街ケルントナー通りに移っている。エーレンフェストは一八九一年にアカデミッシェスギムナジウムに進学、一八九九年十月ヴィーン工業大学に進学し、生涯の親友になるグスタフ・ヘルグ

アカデミッシェスギムナジウム

ロツと知り合った。ボルツマンの熱の力学理論に関する講義を聴いて数学と物理の魅力にとりつかれた。ハーゼンエールルの講義を聴いたのもこのときである。

一九〇一年十一月にはゲッティンゲンに移り、クラインとヒルベルトのもとで数学を学んだ。またアブラハムの電磁気学や、シュタルク、ネルンスト、シュヴァルツシルトの講義を聴いた。クラインとヒルベルトの講義でロシアからの女子留学生を見かけたが、女子学生が数学の集まりに出席できない規則があることを知ったエーレンフェストは規則を変えさせた。それがタティヤーナ・アレクセエヴナ・アファナシエヴァとの出会いである。一年半でヴィーンに帰ったエーレンフェストは、一九〇四年にボルツマンのもとで、ヘルツの『力学原理』の方法を非圧縮流体の運動方程式導出に適用した「流体中の剛体の運動とヘルツの力学」によって学位を得た。エーレンフェストはこの論文を評価せず公表することはなかった。この年ヴィーンにやってきたタティヤーナと結婚したが、オーストリア=

ヴィーン工業大学

ハンガリー二重帝国ではユダヤ人とキリスト教徒の結婚は許されず、二人は無宗教として登録しなければならなかった。

　エーレンフェストは一九〇六年に、現在ではほとんど忘れられているが、注目すべき論文「プランクの輻射理論について」を書いている。プランクは、その輻射式を導くにあたって、仮想的な共鳴子のエネルギーを離散的にしてボルツマンの原理を適用しエネルギー量子を発見したのだが、エーレンフェストは電磁場のエネルギーを離散的にすればよいことに気づいた。「振動数νを持つ固有振動の代表点は平面上の任意の位置を取ることはできない。それは決まった曲線上、すなわち楕円の集合の上になければならない」と言っている。一つの楕円は調和振動子のエネルギーが$h\nu$の整数倍になることによって決まる。アインシュタインとは独立に、電磁場を構成する調和振動子のエネルギーが$h\nu$の整数倍になることに気づいていたのだ。

　一九〇六年に無職のままゲッティンゲンに滞在しているとき恩師ボルツマン自殺の報に接した。クラインは自分が編集する『数理科学全書』のためにボルツマンが書いていた統計力学の総合報告を書くようエーレンフェストに要請した。エーレンフェストはタティヤーナと共同で執筆に取りかかった。一九一一年に『力学における統計的観点の概念的基礎』として出版されることになる古典的名著である。その大部分は一九〇七年から五年間無職で過ごしたペテルブルグで書かれた。

タティヤーナ・エーレンフェスト

　エーレンフェストはミュンヘンのカフェホーフガル

テンでヨッフェに会ったことがあるが、ペテルブルグで親友になった。エーレンフェストはロシア式にパーヴェル・シギズムンドヴィッチと呼ばれた。『ヨッフェ回想記』（玉木英彦訳、みすず書房）の中でヨッフェはエーレンフェストのことを次のように書いている。「パーヴェル・シギズムンドヴィッチ・エーレンフェストは珍しい風格の人だった。背が低く、短く刈りこんだ髪と、短い黒いひげと、輝いた、よく動く、快活な眼をもった人で、たやすく人と融和した。繊細な音楽的感覚の持ち主で、バッハの曲に陽気なダンスのモチーフを見付けてそれに思いがけないひびきを与えることができた。この点でかれはアインシュタインに似ていた。本来情熱家で夢中になりやすいたちだったが、自らを律することはきびしくて些事もないがしろにしなかった。かれは人生において遭遇した何事に対しても、いいかげんな態度をとることはできなかった。病的なほどの敏感さで、かれはいかなる誤謬あるいはいかなる無原則的行動に対しても反撥した。エーレンフェストは並はずれて機知に富み、研究発表や講演のさいに時折り警句をさしはさんだ。そうしたとき、きわめてこんがらがった問題でさえも、いかに生き生きとして直感的に見えてきたことか！」

パウル・エーレンフェスト

エーレンフェストは生涯を通じて若い才能を育てることに熱中した。ペテルブルグに来るとすぐに現代物理学セミナーを始めた。量子論、相対論、統計力学の最新の論文が取り上げられた。若い物理学者がエーレンフェストのまわりに集まった。「さてどんな疑問を持っているのかね？」と参加者みんなに訊ねるのがエ

プラハ大学旧物理研究室

ーレンフェストの常だった。あるとき一人が「パーヴェル・シギズムンドヴィッチ、疑問を持たなければあなたのところに来てはいけないのでしょうか？」と訊ね返すと驚いたエーレンフェストは「君が物理を勉強しているなら疑問を持たないなんてありえないよ」と答えた。後に一般相対論によって宇宙膨張を証明したフリードマンも常連の一人だった。

一九一二年に職を求めてプランク、ヘルグロッツ、ゾマーフェルトを訪ねたがうまくいかなかった。プラハではアインシュタインを訪ねた。一歳年上のアインシュタインは一九一一年四月からプラハ・ドイツ大学（プラハ大学は一八八二年以降ドイツ大学とチェコ大学に分離していた）の理論物理学教授になっていた。新市街のカレル広場南端に面して「ファウストの家」がある。ファウストが実際にこの家に住んだかどうかわからないが、ここから坂道を上っていくとアインシュタインの研究室に出る。自宅はヴルタヴァ（モルダウ）河を渡った対岸のスミーホフにあった。前面にアインシュタインの顔を取り付けたアパートには一九一

アインシュタイン旧居

○と書かれているからアインシュタインが入居したときにはまだ新築だったのだろう。スミーホフにはベルトラムカ荘がある。モーツァルトが『ドン・ジョヴァンニ』を完成したドゥーシェク夫妻の別荘だ。

二月二十三日、雨模様の金曜日にエーレンフェストがプラハ駅で列車を降りて出口に向かうと、葉巻を口にしたアインシュタインと夫人ミレーヴァが出迎えに来ていた。三人はカフェで談笑したが、ミレーヴァが帰宅すると話題は物理に転じた。雨の中を研究室に向かう途中も二人は物理を話し合った。夕方演奏会に出かけ、帰宅すると夜中の二時半まで議論が続いた。土曜日も議論が続いた。アインシュタインは後に「ぼくたちはまるで夢にみ、望んでいたかのように数時間で真の友人になった」と言っている。日曜日に、アインシュタインはヴァイオリン、エーレンフェストはピアノでブラームスのヴァイオリンソナタを合奏した。アインシュタインはETHに赴任することになっていたからエーレンフェストをプラハの後任に望んだが、二

ベルトラムカ荘

レイデン大学旧理学部

重帝国の教授に無宗教は許されない。エーレンフェストは無類の生真面目さで、結婚のとき無宗教として登録した以上はそれを偽ることはできない、としてアインシュタインの申し出を断った。エーレンフェストは木曜日にプラハを発った。アインシュタインは駅まで見送りに来てくれた。

ローレンツがエーレンフェストを自分の後継者に選んだのはその年である。エーレンフェストを推薦するゾマーフェルトの手紙が残っている。「彼は巨匠のように講義します。このような魅力と輝きを持って話す人を私はかつて聴いたことがありません。意味深い言い回しや、機知に富む指摘、論証は驚くほど彼の意のままです。彼はもっとも難しいことを具体的に直感的にわかりやすくする方法を知っています。彼は数学的議論を容易に理解できる描像に翻訳するのです。」エーレンフェストは自信がなく躊躇したがローレンツに説き伏せられた。こうしてエーレンフェストはレイデンにやってきたのである。

エーレンフェストはペテルブルグ時代の一九一一年に書いた論文「熱輻射理論において光量子仮説の何が本質的役割を果たしているか?」で輻射を閉じ込めた空洞を断熱圧縮したときエネルギーと振動数の比が不変に保たれることを示している。一九一三年の論文「ボルツマンの力学定理とエネルギー量子理論との関係」では「周期系に断熱的に影響を与えるときは運動エネルギーの時間平均と振動数の比は不変のままである」という「エーレンフェストの断熱仮説」を述べている。それは量子化される物理量が「断熱不変量」で

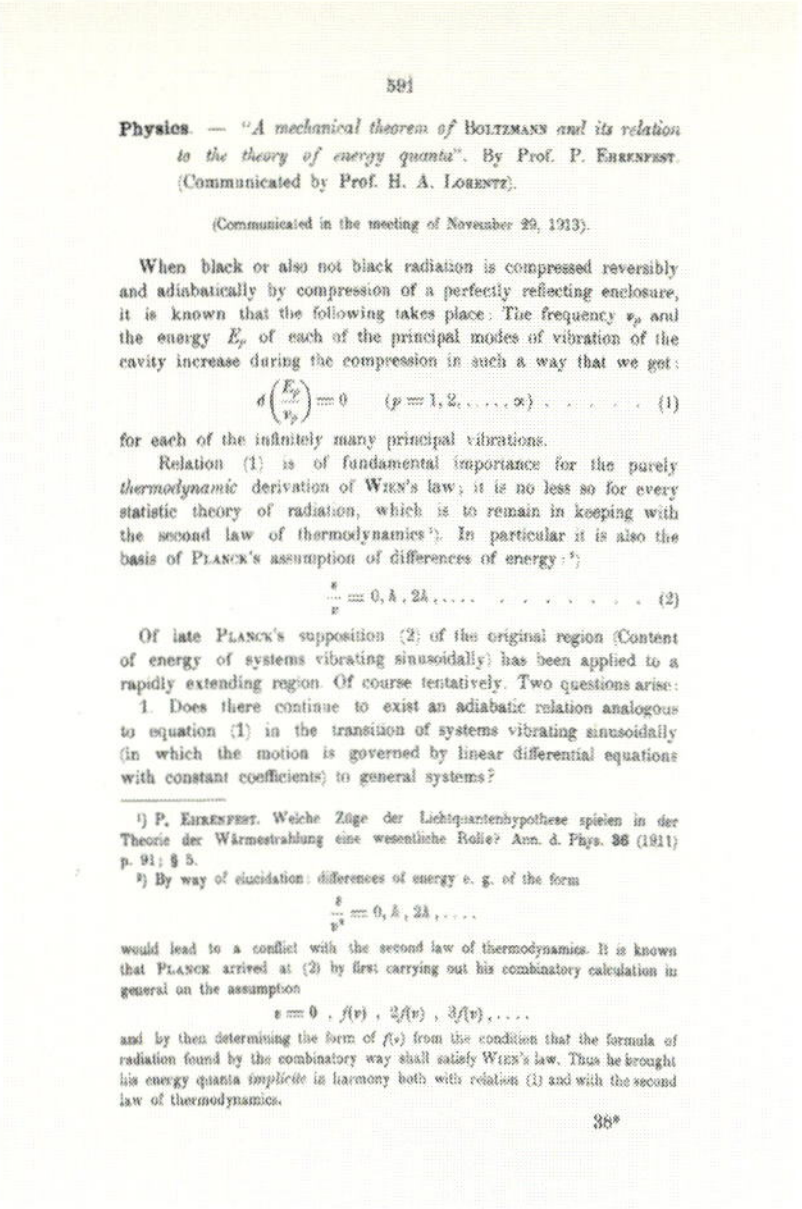

591

Physics. — *"A mechanical theorem of* Boltzmann *and its relation to the theory of energy quanta"*. By Prof. P. Ehrenfest. (Communicated by Prof. H. A. Lorentz).

(Communicated in the meeting of November 29, 1913).

When black or also not black radiation is compressed reversibly and adiabatically by compression of a perfectly reflecting enclosure, it is known that the following takes place: The frequency ν_p and the energy E_p of each of the principal modes of vibration of the cavity increase during the compression in such a way that we get:

$$\delta\left(\frac{E_p}{\nu_p}\right) = 0 \qquad (p = 1, 2, \ldots, \infty) \quad \ldots \ldots \quad (1)$$

for each of the infinitely many principal vibrations.

Relation (1) is of fundamental importance for the purely *thermodynamic* derivation of Wien's law; it is no less so for every statistic theory of radiation, which is to remain in keeping with the second law of thermodynamics[1]. In particular it is also the basis of Planck's assumption of differences of energy:[2]

$$\frac{\varepsilon}{\nu} = 0, h, 2h, \ldots \quad \ldots \ldots \quad (2)$$

Of late Planck's supposition (2) of the original region (Content of energy of systems vibrating sinusoidally) has been applied to a rapidly extending region. Of course tentatively. Two questions arise:

1. Does there continue to exist an adiabatic relation analogous to equation (1) in the transition of systems vibrating sinusoidally (in which the motion is governed by linear differential equations with constant coefficients) to general systems?

[1] P. Ehrenfest. Weiche Züge der Lichtquantenhypothese spielen in der Theorie der Wärmestrahlung eine wesentliche Rolle? Ann. d. Phys. **36** (1911) p. 91; § 5.

[2] By way of elucidation: differences of energy e. g. of the form

$$\frac{\varepsilon}{\nu^2} = 0, h, 2h, \ldots$$

would lead to a conflict with the second law of thermodynamics. It is known that Planck arrived at (2) by first carrying out his combinatory calculation in general on the assumption

$$\varepsilon = 0 \ , f(\nu) \ , 2f(\nu) \ , 3f(\nu), \ldots$$

and by then determining the form of $f(\nu)$ from the condition that the formula of radiation found by the combinatory way shall satisfy Wien's law. Thus he brought his energy quanta *implicite* in harmony both with relation (1) and with the second law of thermodynamics.

38*

「ボルツマンの力学定理とエネルギー量子理論との関係」

あるということを述べたものである。さらに断熱仮説は一九一六年の論文「量子論に関する系の断熱変化について」によって定式化され、前期量子論において対応原理とともに重要な役割を果たした。だが量子力学の発見はエーレンフェストよりも若い世代によって達成された。それでもエーレンフェストは、一九二六年にシュレーディンガーが波動方程式を発表した翌年に、論文「量子力学での古典力学の近似的有効性に関する注意」で「波束の重心は、ニュートン方程式の意味において、波束の位置で支配する力に従う」ことを示した。「エーレンフェストの定理」である。

一九二五年十二月にエーレンフェストはアインシュタインとボーアをレイデンの自宅に招いた。二人は量子論に関して激しく対立していた。エーレンフェストは二人の間になんらかの合意が得られるものと期待したがものわかれに終わった。一九二七年のソルヴェー会議でボーアとアインシュタインの論戦に立ち会ったエーレンフェストは「それはチェスのようだ。アインシュタインはいつも新しい反例を持ち出す。不確定性関係を破る第二種の永久機関みたいなものだ。ボーアは反例を次々とつぶす道具を哲学的煙雲の中から必ず探し出す。アインシュタインはびっくり箱みたいだ。毎朝元気に跳びだしてくる。それはなんと貴重なものだろう。だがぼくはほとんど無条件でボーアに賛成し、アインシュタインに反対だ」と書き送っている。

一九三二年春コペンハーゲンのボーア研究所ではボーアの弟子たちが『ファウスト』のパロディーを上演した。作者はマクス・デルブリュックで、パウリ（メ

「ファウストの家」

フィストーフェレス）がニュートリノ（グレートヒェン）の考え方を懐疑的なエーレンフェスト（ファウスト）に信じさせようとする物語である。「物理学の良心」と呼ばれたエーレンフェストをファウスト役にあてたことは物理学者たちがエーレンフェストをいかに尊敬していたかをうかがわせる。パウリはエーレンフェストの追悼文の中で次のように言っている。「私たちがもう一度エーレンフェストの科学的活動を振り返ってみると、それは永遠の真実の生きた証拠になっていると思われる。すなわち、科学的客観的批判は、いかに辛辣でも、最後まで矛盾なく突きつめられるときは、つねに励みになり奮い立たせてくれるものである。」だが世の高い評価とは反対にエーレンフェストは自分をきわめて低く評価し、ローレンツの後任にふさわしくないという考えを捨てることができなかった。一九三二年八月十四日付けでエーレンフェストがボーア、アインシュタイン、フランク、ヘルグロッツ、ヨッフェ、コーンスタム、トールマンに宛てて書いた手紙が残っている。自分の能力に絶望し、自殺をほのめかすこの手紙は投函されなかった。

カピツァは「ラザフォード卿の思い出」(『みすず』一九六七年七月号)の中でエーレンフェストのことを書いている。「エーレンフェストと彼の家は世界の理論物理の一つのセンターであるかの観を呈しました。エーレンフェストのすぐれた性格は、その簡潔な批判精神にあったのです。彼は、自分を慕う若い科学者に対して非常にすぐれた教師であったばかりでなく、彼の批判精神は非常に豊かで高次のものとされ、当時第一線に立っていた指導的物理学者、アインシュタインやボーアも自分の研究を討論してもらうために、よく彼のところにやってくるほどでした。……彼は批判上からの注意を、偉大な精神と、鋭くはあるが、つねになみなみならぬ好意とで裏打ちして与えてくれるのがつねでした。彼の批判の特色は高く評価されていました。エーレンフェストのこの異常ともいえる鋭い批判精神が、実は彼自身の創造的な想像にはブレーキとして働きました。そして彼自身が非常に高い水準でものしえたであろうような科学研究を生みだすのに成功しませんでした。当時の私には、エーレンフェストが研究の上では自分が批判した友人たちと同じ程度の成果を挙げていないことで、その鋭い神経からどれほど悩んでいたかなどということには、考えも及びませんでした。一九三四年〔カピツァの記憶違いだろう〕の初め、彼から長い手紙が来ました。その中には彼の精神的な失意が綿々と綴られ、自分の研究成果の空しさが言及されてありました。そして最後に到達した結論は、自分にはこれ以上生きている価値はないということだ

エーレンフェスト邸のボーアとアインシュタイン

ったのです。」驚いたカピッァはラザフォードに相談した。ラザフォードはエーレンフェストに自信を取り戻させる手紙を書き送った。

だがエーレンフェストは再び失意の状態に落ちいった。エーレンフェストは一九三三年九月十三日から二十日までコペンハーゲンでの集まりに参加した。ディラックはボーアの家の入口でエーレンフェストに「あなたは会議できわめて役に立ったと申し上げたいと思います」と挨拶した。びっくりして家の中に戻りふたたび現れたエーレンフェストは、ディラックの腕をつかみ、涙ながらに「あなたのような若い方が言われたさっきの言葉は私には大変重みがあります。私のような男はもう生きる力がないと感じているのですから」と言ってしばらく言葉を探していたがそれ以上何も言わず突然立ち去ってしまった。帰国したエーレンフェストは二十五日にアムステルダムに赴き、息子ヴァシクがダウン症の治療を受けていたフォンデル通りのワーテリング教授研究室からヴァシクを連れ出し、近くのフォンデル公園でヴァシクを銃で撃った後みずからを射殺した。

タティヤーナはそのときレニングラードにいた。帰国したタティヤーナは一九六四年四月十四日に八十七歳で亡くなるまでレイデンの白い家に住んだ。その家を訪れたとき白い壁はかなり傷んでいた。庭にまわってみたが雑草が伸び放題で、身の丈よりも高く生い茂り、身動きすることが困難なほどだった。かつては庭にまで届いたであろう物理学者たちの生き生きとした会話も、へんてこな音楽も、もう聞こえなかった。

ウィッテローゼン通り旧居中庭

がちょう娘に花束を

リヒテンベルク
Georg Christoph Lichtenberg

ラーツケラー

ゲッティンゲン旧市庁舎のラーツケラー入口の壁にラテン語で「人はゲッティンゲンの外で生きることができない。生きることができたとしても同じではない」と書かれている。旧市庁舎前のマルクト広場には「がちょう娘リーゼルの泉」がある。純朴可憐な少女リーゼルが手と腕とかごに持った三羽のがちょうは口から水を吹きだしている。リーゼルのすぐ横にあるカフェでコーヒーを飲んで休んでいたら、数人の若い人たちが現れた。黒い服と黒い帽子姿の女子学生が花束を抱えている。彼女は仲間の拍手の中で台座によじのぼり、花束をリーゼルの腕に抱えさせてリーゼルにキスした。まわりで拍手喝采が一段と大きくなった。

ゲッティンゲン大学で博士号を得た学生はリーゼルに花束を贈りキスするのがしきたりだ。市当局は公式にはキスを禁止しているが、学生が言うことをきくはずはないし、当局の誰も気にしない。リーゼルはラーツケラーに向かって左手だが、右手に背が低く背中が曲がった人物の銅像に気がつく。左手に持つ金属球に

マルクト広場

旧大学図書館前

は記号±が刻まれている。ゲッティンゲンで物理を専門とした最初の教授リヒテンベルクである。旧大学図書館前にも椅子に座ったリヒテンベルク像がある。開いた本にはリヒテンベルクの『雑記帳』の一節が引用されている。「本をたくさん読むと知的野蛮をもたらす。」

フランクフルト・アム・マイン南の町ダルムシュタットからさらに南東十キロに小さな町オーバーラムシュタットがある。町役場前でバスを下り、快いせせらぎの音を聞きながら、鴨がのどかにたわむれる川沿いの小径を歩いていくと、橋を渡って少し上った場所に小さな教会がある。教会前の建物には「ヨーハン・コンラート・リヒテンベルクによって一七三二年に建てられた旧町役場、郷土博物館」と書かれた銘板が取り付けてある。毎週日曜日の二時半から五時半までしか開かない博物館だ。快晴だった空が急に曇って雨が降り始めた。博物館の前で雨宿りしていたら開館前なのに館員が中に入れてくれた。二階にはリヒテンベルク

オーバーラムシュタット旧町役場

オーバーラムシュタット生家

の部屋があり、さまざまな資料が集められている。
ゲオルク・クリストフ・リヒテンベルクは一七四二年七月一日に牧師ヨーハン・コンラートの十七番目の末子として生まれた。すぐ近くにある牧師館にリヒテンベルクの生家を示す銘板が取り付けてある。リヒテンベルクは幼い頃から病弱で背骨が曲がっていた。原因は生まれつきとも、結核性の炎症とも言われている。身体障害はリヒテンベルクの生涯に大きな影響を与えた。リヒテンベルクは「ぼくの頭は他の人より心臓に近い。だからぼくは理性があるのだ」と言っている。リヒテンベルクはくじけず冷静にユーモアを持って人間性を観察した。リヒテンベルクがドイツ文学にアフォリズムを創造した原点の一つはここにあるのだろう。
父は作詞家で音楽と詩を愛したが、建築家でもあった。一七三二年のオーバーラムシュタット町役場を皮切りに各地に九つの教会と一つの孤児院を建てた。父はギーセンの大学時代には哲学、神学だけではなく数学を勉強した。リヒテンベルクは後に父のことを次の

旧ペダゴーク

ルイーゼン通り旧居

ように書いている。「彼は当時の聖職者としては物理と数学を非常によく知っていました。彼はきわめてはやくから子供たちに宇宙の構造を教え、物理を大好きにさせたのです。……私の父は自然学を熱狂的に愛していました。」

　父がダルムシュタットの首席説教師になったので一七四五年七月に一家はダルムシュタットに移った。ユーゲントシュティールの町で、マティルデの丘にあるロシア教会と手袋のような破風を持つ「婚礼の塔」がシンボルになっている。二〇〇〇年にはヴィーンの画家フンデルトヴァサーが設計したアパート「ヴァルトシュピラール（らせん状の森）」が建てられた。直線がなく、同じ窓がまったくない色鮮やかな建物は衝撃的だ。リヒテンベルクは一七五一年七月九歳になったばかりのときに父を失ったので母方の伯父に引き取られた。ダルムシュタットの中心ルイーゼン広場から入ったルイーゼン通りに銘板を取り付けた伯父の家がある。そこからしばらく行った場所に、第二次大戦で破壊されたが原形通りに再建された旧ペダゴーク（寄宿

ヴァルトシュピラール（左頁）

ビューヒナー生家

制ギムナジウム）がある。壁にはリヒテンベルクや天才詩人ゲオルク・ビューヒナーのレリーフが取り付けられている。ビューヒナーはダルムシュタット南西十キロにある小さな町ゴデラウで生まれた。ペダゴークで学んだビューヒナーはペダゴークの校舎を「どや」と呼んでいる。

リヒテンベルクは一七五二—六一年の間ペダゴークに在学した。卒業後、経済的事情で進学できないでいたが、母がヘッセン方伯に手紙を書いて奨学金を得させてくれた。一七六三年五月二十一日からゲッティンゲンで数学、物理、天文学を学んだ。特に数学教授アブラハム・ケストナーに感銘を受け、こんな謎なぞを残している。「ライプツィヒ生まれ、英国王の誇り、ドイツの驚異、それは誰だ？　答え。物故者ではライプニッツ、存命者ではケストナー。」ケストナーは数学者ヨーハン・プファフ、ファルカス・ボヤイ（ヤーノシュの父）らの指導教官だ。一七六四年に天文台所長になったケストナーはリヒテンベルクに天文台の器具を使わせてくれた。

リヒテンベルクは一七六三年から一七六四年までテアーター通り、一七六四年から一七六七年までパウリナー通りに下宿した。いずれの旧居も現存する。カントを読み始めたがやがてスピノザに傾倒するようになった。リヒテンベルクが見たこと、思いついたことを書き留めた『雑記帳』は母を失った一七六四年に始まっている。その中で「これまで長い間スピノザは邪悪で無価値な人間であり、その意見は危険であるとみなされてきたことほど、学問の世界の状況を示す明瞭な

テアーター通り旧居

証拠はない」と言っている。「世界がはるか未来まで存在するとすれば、普遍的な宗教は純化したスピノザ主義になるだろう。理性は根本においてスピノザ主義以外になりえず、いつか他の何ものになることも不可能である」と書いている。リヒテンベルクは当時の風潮に反し、実験が真偽を決めるとする現代物理の考えに立った。「神の前に法則のみがあり、厳密に言うと例外のない唯一の法則があるだけである。」スピノザのように神＝自然の統一性を信じ、物理は自然の合法則性を確かめることだと考えた。

リヒテンベルクは一七六七年八月十七日にギーセン大学数学助教授に指名されたが就任しなかった。二人の英国人留学生の世話係となり、一七六七―七二年に英語教授トンプソンの家に下宿した。その家は旧市庁舎から北に伸びる繁華街ヴェーエンダー通りにある。一七七〇年三月に帰国する留学生に付き添い英国に渡って二か月滞在した。英国の政治的自由や経験主義に魅せられ英国びいきになった。四月二十二日にリッチ

パウリナー通り旧居

ヴェーエンダー通り旧居

モンド天文台で英国王ジョージ三世の訪問を受けている。六月二十六日にジョージ三世はハノーファー国王としてリヒテンベルクをゲッティンゲンの数学と実験物理学助教授に任命した。正教授になったのは一七七五年一月二十日である。一七七四年九月から翌年末まで再訪英中のことだ。帰国後亡くなるまで住んだ家がゴートマール通りとプリンツェン通りの角にある。一七八三年九月二十七日にゲーテが訪ねてきて滞在した家だ。一七九三年からゲーテとの文通が始まったが、

ゴートマール通り旧居

リヒテンベルクはゲーテの色彩論に異議を唱えた。
講義も実験も自宅で行った。一七八三—八四年にバルコニーから水素がつまった風船を飛ばして火花放電による実験をした。友人の出版人ディーテリヒの家で、最初は二階を借りたが一七七七年に三階に移った。その年二月リヒテンベルクは帯電させた板の上にちりが図を描いているのを偶然見つけた。恩師ケストナーが五月三日の科学協会でリヒテンベルクの発見について最初の報告を行った。翌年二月二十一日の科学協会でリヒテンベルクはラテン語の論文「電気物質の性質と運動を研究する新しい方法について」を発表した。論文には不思議な図が三例載せられていた。現代の用語で言えばフラクタルの例だ。

リヒテンベルクは『雑記帳』の中で「この世で最大のものは、つまらないとみなしているもの、みのがしてしまうがいつのまにか蓄積するささいな原因によって生じる」と言っている。リヒテンベルク図もつまらぬものではなかった。ヘルツは一八八六年にカールスルーエで電磁波の検出に成功した。一八八七年にヘルツを訪ねてきたベツォルトに電気振動の実験を見せたところ、ベツォルトは一八七〇年に同じような現象を観測したことがあり、論文「電気放電の研究——予備的報告」を書いたことを思い出した。ベツォルトは導線に放電電荷を流し、ガラス板上の微粒子にリヒテンベルク図を描かせていた。ベツォルトは放電電荷が材質の異なる導体でも同じ速度で伝搬し、節のような波の振る舞いをすることを見つけていた。論文の中で「電気波が端を絶縁した導線に送られると電気波はそ

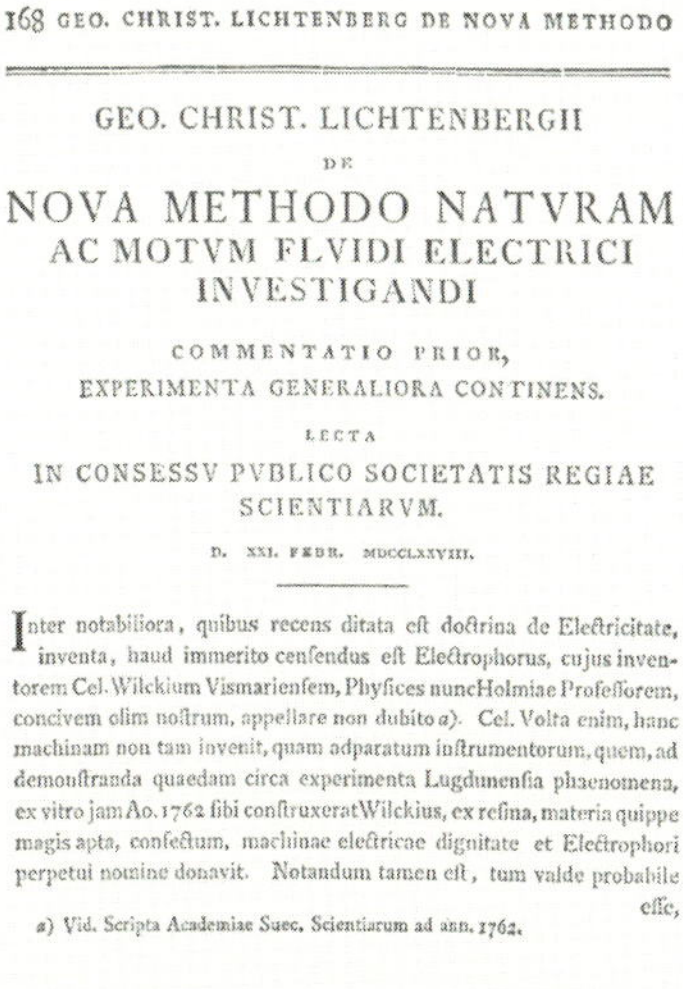
168 GEO. CHRIST. LICHTENBERG DE NOVA METHODO

GEO. CHRIST. LICHTENBERGII
DE
NOVA METHODO NATVRAM
AC MOTVM FLVIDI ELECTRICI
INVESTIGANDI

COMMENTATIO PRIOR,
EXPERIMENTA GENERALIORA CONTINENS.
LECTA
IN CONSESSV PVBLICO SOCIETATIS REGIAE
SCIENTIARVM.
D. XXI. FEBR. MDCCLXXVIII.

Inter notabiliora, quibus recens ditata eſt doctrina de Electricitate, inventa, haud immerito cenſendus eſt Electrophorus, cujus inventorem Cel. Wilckium Viſmarienſem, Phyſices nunc Holmiae Profeſſorem, concivem olim noſtrum, appellare non dubito a). Cel. Volta enim, hanc machinam non tam invenit, quam adparatum inſtrumentorum, quem, ad demonſtranda quaedam circa experimenta Lugdunenſia phaenomena, ex vitro jam Ao. 1762 ſibi conſtruxerat Wilckius, ex reſina, materia quippe magis apta, confectum, machinae electricae dignitate et Electrophori perpetui nomine donavit. Notandum tamen eſt, tum valde probabile eſſe,

a) Vid. Scripta Academiae Suec. Scientiarum ad ann. 1762.

「電気物質の性質と運動を研究する新しい方法について」

ゲオルク・クリストフ・リヒテンベルク

の端で反射され、振動放電でこの過程に伴う現象はその起源を進行波と反射波の干渉に求められそうだ」と言っている。ヘルツは、生真面目に、ベツォルトの先取権を認める追加を『物理学年報』に掲載し、さらに自分の論文集『電気力の伝搬についての研究』にベツォルトの論文を転載した。

　寺田寅彦は「量的と質的と統計的と」（小宮豊隆編『寺田寅彦随筆集』、岩波文庫）の中で「すべてを量的に」という物理学界の傾向に対して、容易なようで実はむずかしい「質的な」実験の例としてリヒテンベルク図を取り上げている。少し長いが引用してみよう。

「こういう種類の問題の一例は、おなじみのリヒテンベルクの放電像のそれである。この人が今から百何十年前にこの像を得た時にはたぶん当時の学者の目を驚かせたに相違ないのであるが、それがその後の長い年月の間にただ僅少な物好きな学者たちの手で幾度となく繰り返され、少しずつ量的分析へのおぼつかない歩みをはこんでいただけであった。やっと近年になってこの現象が電気動力線の瞬時的高圧の測定に利用されそうだというので若干のエンジニアーによって応用の方面の見地から取り扱われはしたが、それも本質的に物理的な意味ではなんらの果実を結ぶこともなしに終わっているように見える。そうしてこの現象の物理的本性についてはもちろんいろいろの解説もあり、ある程度までは説明されたと信ぜられているのであるが、現在までのところではただ従来他の方面でよく知られた事実を適用して、それだけで説明し得られる限りの問題だけに触れてはいるが、あの不思議な現象のもっと本質的な根本問題については、あえて試みにでも解析のメスを下そうとすることがまれであるのみならず、その問題の存在とその諸相を指摘しようとする人もないように見えるのである。今日でもまだ奇妙でつまらぬもののことを「リヒテンベルクのような」という言葉で言い現わす人さえあるようである。これももっともなことである。」

寺田寅彦がこの随筆を書いたのは一九三二年だが、ほどなくカールソンがリヒテンベルク図に霊感を受けて複写機を発明することになる。チェスター・カールソンは一九〇六年二月八日にシアトルで生まれたがまもなく理髪師の父は重症の結核で倒れ、その上背骨の関節炎にかかり、一九三二年に亡くなるまで寝たきりになった。十七歳で失った母も結核だった。カールソンは両親を支えて極貧の中で育った。一九二八年にカルテクに進学し一九三〇年に物理で理学士になったが大恐慌で職がない。やっとベル研究所に就職したが一九三三年に解雇された。一九三四年にニューヨークにある電器会社の特許部で働くことになったが大量の複写を必要とする仕事である。複写機をつくろうと決心した。

ある日カールソンはニューヨーク市立図書館で光伝導について読んだ。物質に光を当てると光電効果によって電気伝導度が増える。化学物質を塗布した紙に光を当てた光伝導物質を接触させれば電気が流れて紙の色を変えるだろう。さらにカールソンは図書館でハンガリーの物理学者セレニーの論文に出会った（電子写

セレニー墓碑

エルドシュ墓碑

真法の父パール・セレニーの墓はブダペストのコズマ通りユダヤ人墓地にある。ついでだが「営業をやめた」放浪の数学者パール・エルドシュの墓も同墓地にある。一日に十九時間も数学の問題を解き続けるエルドシュは、友人たちにもっとゆっくりやるよう説得されるといつも、「休む時間は墓の中でたっぷりあるさ」と答えていた)。セレニーの方法はカールソンにリヒテンベルク図を思い出させた。それが突破口になった。一様に帯電した光伝導板の上で光が当たらない領域から電荷を取り除けばいいではないか。一九三七年に最初の特許を申請し実験を始めた。特許弁護士になるために夜学に通っていたから実験の時間は限られている。さらに父と同じ背骨の関節炎にかかってしまった。リヒテンベルクと同じく背骨の病気にかかるというのも不思議な因縁だが、カールソンは必死で実験を続けた。カールソンは一九三四年にエルザと結婚し、一九三八年一月から義父母の小さな家に住んでいたが台所を実験室として使うから妻も義母も怒る。そこで秋に義母の美容院のある建物の二階に一室を借りた。

クイーンズのアストリアはピアノ製造会社スタインウェイの本拠地である。地下鉄スタインウェイ通り駅で降りると活き活きした町に出る。アストリアはギリシャ系移民が多い気さくな町だ。スタインウェイ通りに直交するブロードウェイを西に二ブロック歩いた角にある三階建ての建物にカールソンが借りた部屋があった。二階のダクトの右の部屋である。小さな実験室を得たカールソンは次に薄給で助手を雇った。物理学者オットー・コルナイは、ヒトラーがオーストリアを

カールソン実験室

併合したこの年にヴィーンから亡命してきたが、不況で職がない。雑誌に出した求職広告に応じたのはカールソンだけだった。コルナイはカールソンを夢想家としかみなかったが、台所のような実験室で、カールソンが一年かけた不器用な実験よりすばやく成果をあげた。十月二十二日に二人は最初の電子写真画像「10.-22.-38 ASTORIA」をろう紙に転写した。六か月後にコルナイはカールソンのもとを去った。それから六年間カールソンは多くの事務機器会社に特許使用を打診したがどの会社も興味を示さない。一九四四年にやっとバテル記念研究所が開発に同意した。バテルの開発が進むとハロイド社が権利を買い取り社名をゼロックスに変えた。カールソンは特許で得た莫大な利益の大半を匿名で学校、病院、図書館や平和、人権、慈善団体に寄付しコルナイにも利益を分配した。「貧しい男として死ぬ」ことを願ったカールソンは一九六八年九月十九日にニューヨークの映画館で映画の上映が終わったとき眠るように亡くなっているのを発見された。

リヒテンベルクがリヒテンベルク図を発見した年の三月八日にレシングがリヒテンベルクを訪ねてやってきた。リヒテンベルクは五月に十一歳の花売り娘マリーア・ドロテーア・シュテヒャルトと出会い、一七八〇年からは同居するようになったが、彼女は一七八二年に亡くなった。リヒテンベルクは友人に宛ててこう書いた。「おお、神よ。この天使のような少女は八月四日、日没に亡くなりました。最高の医者を呼び、すべて、この世でできるすべてのことを彼女のためにしました。友よ、これを思ってここで筆をおくことを許して下さい。これ以上続けることができません。」悲痛な手紙だが翌一七八三年には十七歳年下のマルガレーテ・エリーザベト・ケルナーと同居するようになった。マルガレーテは道で苺を売っていた。

一七八九年からリヒテンベルクの健康は著しく衰えた。背骨が曲がっているために肺を圧迫し、呼吸困難になる喘息の発作が亡くなるまで続いた。リヒテンベルクは無神論者で教会の祝福を必要としなかったが死後を考えてこの年にマルガレーテと結婚した。またこの年に実験器具を大学に売却した。これをもってゲッティンゲン大学物理研究室の創設とみなされている。リヒテンベルクは一七九九年二月二十四日に亡くなった。五百人以上の学生がリヒテンベルクを墓地まで見送った。マルガレーテはそれから四十九年を生きた。ヴェーエンダー通りを北上して市壁の外に出るとヴェーエンダーラント通りに変わる。その通りにあるバルトロメーウス墓地にリヒテンベルクとマルガレーテの墓が仲良く並んでいる。

リヒテンベルク夫妻墓所

数学と物理と音楽と

マイトナー
Lise Meitner

ヴィーン西駅銘板

ドイツから鉄道でヴィーンに入ると西駅に到着する。戦前の豪華な駅の面影はない。かつて西駅を飾っていた「麗しのシシー」皇妃エリーザベトの優雅な像が一九八五年に戻ってきた。戦災で破壊されたと思われていた像が倉庫で発見されたのだ。西駅は「皇妃エリーザベト西鉄道会社」のターミナルだった。もう一つ過去を思い起こさせるのは「ナチに逮捕された百五十人のオーストリア人は一九三八年四月一日にこの駅からダッハウ強制収容所に連れ去られた」と書かれた銘板である。ヒトラーが一九三八年にオーストリアを併合した後で、二十万人近くのヴィーンのユダヤ人のほとんどは亡命するかナチに殺された。

多くのユダヤ人は二区レーオポルトシュタットに住んでいた。ドナウとドナウ運河にはさまれた地域で、かつてはゲットーがあり、一八四八年の解放政策以後多くのユダヤ人が住むようになった。中心駅は北駅である。地図で見ると北駅を環状道路が囲み、北駅を中心として幹線道路が放射状に延びている。かつて北駅はヴィーンでももっとも美しく、乗降客のもっとも多い主要駅だったが、爆撃で完全に破壊された。すぐ目につくのは東側にあるプラーター公園の大観覧車だ。その所有者エードゥアルト・シュタイナーもアウシュヴィッツで殺された。映画『第三の男』の中でオーソン・ウェルズ扮する「第三の男」は、大観覧車の下で、友人を悪事に誘うために悪の論理を展開する。「イタリアではボルジア家支配の三十年間に戦争、テロ、殺人、流血があった。彼らはミケランジェロ、レオナルド・ダヴィンチ、そしてルネサンスを生んだ。スイス

シュトラウスの家

では兄弟愛、五百年間の民主主義と平和があった。それで彼らは何を生んだ？　鳩時計だぜ。」

北駅から南西に延びるプラーター通りは「ワルツ通り」と呼ばれている。一八六七年にワルツ王ヨーハン・シュトラウスが『美しく青きドナウ』を作曲した家があるからだ。世紀末の作家シュニッツラーや作曲家マクス・シュタイナーが生まれた家も残っている。シュタイナーはマーラーに学んだ神童で米国に移住し、『キングコング』、『風と共に去りぬ』、『カサブランカ』など無数の映画音楽を作曲した。

北駅から北西、アウガルテンに向かう並木道ハイネ通りに「女性核物理学者リーゼ・マイトナーは一八七八年十一月七日にこの家で生まれた」と書かれた銘板を取り付けたアパートがある。プランクは後に「一八七九年は物理学にとって特別な運命のもとにあった。一八七九年にアインシュタイン、ラウエ、ハーンが生まれ、リーゼ・マイトナーも勘定に入っていた。だが彼女はおませな小さな少女として一八七八年十一月に

ハイネ通り生家

ツェルニン広場国民学校

生まれてしまった。彼女はそのときを待てなかったのだ」と言っている。出生記録簿で誕生日は十七日になっているがリーゼは生涯七日を誕生日にしていた。またもとの名エリーゼもいつのまにかリーゼになった。役所でもそんなことを気にしないのがヴィーン流だ。

リーゼの父はモラヴィア、母はスロヴァキア出身のユダヤ人である。解放政策のために父はユダヤ人として大学で法律を学ぶ最初の学生となり弁護士となった。父は善良で知的で進歩的な考えを持ち、子供たちにプロテスタントの教育を受けさせた。父は子供たちをよく散歩に連れ出した。馬車に乗った皇妃シシーを間近に見かけたこともある。リーゼは数学と物理と音楽を愛した。シュトラウスの家の先でプラーター通りから抜け道ツェルニンパサージュをくぐるとツェルニン広場にリーゼが通学した小学校、高等小学校がある。一八九二年に卒業したが、女性に大学進学の道が開けたのは一八九七年になってからである。リーゼはフランス語教師の資格を得た上で、アルトゥール・サルヴァシの指導を受けて一八九九年から失われた八年を二年に縮めて猛烈に勉強を始めた。サルヴァシは一八九八年にエクスナーのもとで学位を得たばかりの若い物理学者で、リーゼを激励し、物理研究室に連れていって実験器具を見せてくれたりした。

　ベートーヴェン広場に面するアカデミッシェスギムナジウムの壁にシュレーディンガーが一八九八年から一九〇五年まで生徒だったことを示す銘板が取り付けてある。その下の銘板にリーゼが一九〇一年にこのギムナジウムで学外生徒として卒業資格試験を受けて合格したと記されている。試験は厳しいもので受験生十四人のうち四人だけが合格した。その年にヴィーン大学に入学した。二十三歳になろうとしていた。

アカデミッシェスギムナジウム銘板

　マイトナー一家は一八九八年（シシーが暗殺された年）から一区のエスリングガッセに移っていた。通りからドナウ運河が見える。そこからテュルケン通りの旧物理研究室までリーゼの通った道をぼくも歩いてみたことがある。物理研究室は「風が吹いたり道路をトラックが通るだけでぐらぐらする崩れかかったおんぼ

エスリングガッセ旧居

テュルケン通り旧物理研究室

ろ教室」で、「もしある学生がテュルケン通りの物理研究室に登録したとすれば、その行為の動機は失恋にある」などと言われていた。講義を聴くのは命がけだからだ。リーゼも「その入口は鶏小屋のようで、もし火が出たらほとんどの人は生きて逃げられないだろう」と思っていた。現在も残るその建物は外からはそれほどおんぼろに見えないが、壁には一八七五年から一九一三年までの間に在籍したことがある物理学者ロシュミット、シュテファン、ボルツマン、エクスナー、マイアー、ハーゼンエールル、マイトナー、シュレーディンガーらの名が並ぶ銘板が取り付けてある。

一九〇二年にボルツマンがヴィーンに戻ってきた。リーゼは力学、流体力学と弾性理論、電磁気学、気体運動論をすべてボルツマンに学んだ。リーゼはボルツマンの魅力に圧倒された。「彼の講義はもっとも美しく刺激的だった……教えるすべてのことに彼自身が熱狂的だったので講義が終わると完全に新しいすばらしい世界が開けたという気持ちになった」と回想している。また「ボルツマンは心からの善意、理想主義への信仰、自然秩序の驚異に対する畏敬に満ちた純粋な魂だった……彼は並はずれた人間らしさのゆえにこんなに強力な教師だったのだと思う」と言っている。

ボルツマンは健康状態が悪く、米国に出かけていることもあってリーゼはエクスナーのもとで学位論文「不均一物体の電気伝導」を書いた。それは不均一物質の電気伝導に対するマクスウェルの公式が熱伝導でも成り立つことを確かめた研究である。一九〇六年に学位を得たリーゼはボルツマンの助手マイアーのもとで放射能の研究を始めた。女子校で教えながら夜にはテュルケン通りに帰って研究を続けた。ボルツマン自殺の知らせに衝撃を受けたが、ボルツマンが教えてくれた物理を続けたいという情熱はますます強くなった。リーゼは一九〇七年にさらに勉強するためベルリンに赴いた。プランクの講義に最初は失望した。「ボルツマンは情熱にあふれ、その情熱をきわめて個性的な仕方で表現することをはばからなかった。プランクの講義はその非常な明晰さにもかかわらず、没個性的で無味乾燥にみえた」と言っている。実験研究のできる場所を求めて訪ねたルーベンスは化学者オットー・ハーンがリーゼとの共同研究に興味を持っていることを伝えた。ハーンはモントリオールのラザフォード研究室から戻ったばかりで化学研究室のエーミール・フィッシャーの助手をしていた。物理と数学を知らないハーンにとってリーゼは理想的な共同研究者だった。気さくなハーンは内気なリーゼには好ましかった。こうしてリーゼとハーンの共同研究が始まった。

繁華街フリードリヒ通りを北上してショセー通りに

ヘルシェ通り旧化学研究室

入ると劇作家ブレヒトが亡くなるまで住んだ家が残っている。ブレヒトの墓がある隣の墓地の裏手ヘルシェ通りにフィッシャーの化学研究室があった。通りに面した壁に「ラディウム研究者オットー・ハーンとリーゼ・マイトナーはこの建物の地下にあったかつての木工作業場で、一九〇六―〇七年から一九一二年まで、重要な発見によって自然科学に貢献した」と書かれた銘板と二人のレリーフが取り付けてある。木工作業場が研究場所になったのはフィッシャーが研究室への女性の立ち入りを禁じていたからである。リーゼは地下から出ないという条件で研究を許されていた。化学者たちはリーゼの存在を無視した。物理学者たちは違った。リーゼは物理コロキウムでフランク、グスタフ・ヘルツ、ラウエら若い物理学者たちと知り合い生涯の友人になった。フランクは核兵器完成直前にその不使用を訴える格調高い「フランク報告書」を書くことになる。四歳年下のフランクは八十歳を過ぎてリーゼに「ぼくは君を恋していたんだよ」とからかうとリーゼは「遅いわ」とやり返した。

ベルリンの南西にあるダーレムに一九一二年カイザー・ヴィルヘルム協会の化学、物理化学の二研究所が発足した。協会は民間の資金で自由な基礎研究を推進するためにつくられ、戦後はマクス・プランク協会になった組織である。現在ダーレムにはマクス・プランク研究所と戦後発足したベルリン自由大学が混在している。地下鉄のティール広場駅で降りてファラデイヴェークを歩いていくとかつての物理化学研究所、現在のフリッツ・ハーバー研究所がある。庭の中央にある

フリッツ・ハーバー研究所と菩提樹

菩提樹はハーバー六十歳の誕生日を記念して一九二八年十二月九日に植えられた。ハーバーはアンモニア合成に成功した化学者だが、第一次大戦中に主導して毒ガスを開発した。一九一五年四月二十二日にハーバーが指揮をとってベルギーのイープルで最初に使用した毒ガスは五千人を殺した。妻のクララは、女性として初めて学位を得た化学者で、ハーバーを支えるために学問をあきらめたのだが、毒ガスを使ったハーバーを責めて口論になり、五月二日早朝銃で胸を撃って自殺した。ハーバーは妻の葬式も準備しないまま東部戦線に出かけてしまった。ユダヤ人だったハーバーはドイツ人以上に愛国心を示したかったのだ。

ナチに追われたハーバーは一九三四年一月二十九日にバーゼルで客死した。ドイツ国境に近い広大なヘルンリ墓地で何度もハーバーの墓を探したことがあるが見つからなかった。ある年、墓参の老人たちを車で送迎するヴォランティアの老紳士に相談してみた。彼は車で墓に連れていってくれた。それはつづら折りの山道を登りきった隔絶した場所にあった。質素な墓碑に刻まれたクララとハーバーの名はほとんど読めなくなっていた。

フリッツ・ハーバー研究所の隣にある自由大学生化学研究室がかつての化学研究所である。ハーンは一九一二年に研究員になったがリーゼは無給の客員に過ぎなかった。その年から一九一五年までリーゼはプランクの助手になり給料を得ることができた。プロイセンで女性として初の助手である。リーゼは、最初の印象とは異なり、プランクが温かい心を持ち共感できる人

ハーバー夫妻墓所

であることを知った。プラハ大学から招聘を受けたことが研究所における彼女の地位を改善し、一九一三年にハーンと対等の研究員になった。第一次大戦が始まると、ハーンは毒ガス部隊に配属され、リーゼはX線看護婦としてオーストリア軍に志願した。化学研究所も毒ガス研究に占有される中でリーゼは学術研究を続けた。一九一八年の新元素プロトアクチニウムの発見はリーゼによるものだがドイツ化学者協会は共著者となったハーンだけにフィッシャー賞を与えた。リーゼは一九一七年に物理部設立を託されてハーンの化学部から独立し、一九二〇年に共同研究は終わりを告げた。リーゼが教授資格を得て、ベルリン大学私講師になったのは一九二二年、非公式助教授になったのは一九二六年のことである。一九一九年にフィッシャーが亡くなっている。フィッシャーは当初はリーゼを地下の木工作業場に追いやったが、リーゼを温かく見守り、化学研究所でリーゼを重く用いたのもフィッシャーである。墓所はヴァンゼー墓地にある。

一九三三年にヒトラーが政権を取ると、リーゼはオーストリア国籍であるにもかかわらず教授資格を剝奪された。翌年ウランに中性子を吸収させて超ウラン元素をつくるフェルミの考えに興味を持ち、乗り気でないハーンを数週間も説得して十四年ぶりに共同研究を再開した。すぐに若い化学者シュトラースマン（反ナチで自宅にユダヤ人を匿っていた）をティームに加えた。ところが一九三八年にドイツがオーストリアを併合した。リーゼは七月十三日に取るものも取りあえず列車でオランダに逃れ、スウェーデンに渡った。

フィッシャー墓所

旧カイザー・ヴィルヘルム化学研究所

ハーンは十二月十九日のリーゼに宛てた手紙で、ウランに中性子を吸収させて生成物を化学分析したところ「ラディウム同位体がバリウムのように振る舞う」と知らせてきた。ハーンはリーゼの名なしにシュトラースマンとの共著論文を投稿した。リーゼは姉の息子で、ハンブルク大学を追われ、ボーアのもとにいたオットー・フリッシュをクリスマス休暇で招待していた。二人は雪の中を散歩しながらハーンが知らせてきた不可解な現象を論じあった。そしてフリッシュとの共著論文「中性子によるウランの分解——新しい型の核反応」に「重い核の粒子は液滴に似た集団的な仕方で運動することが予想される……ウラン核は安定性があまりなく、中性子を捕獲すると、ほぼ等しい大きさの二つの核に分裂するだろう。これら二つの核は反発しあい、核半径と電荷から計算すると約 200 MeV の全運動エネルギーを得るだろう」と書いた。そしてそのエネルギーはウランと周期表の真ん中にある元素の質量差から得られるだろうと論じた。

リーゼ・マイトナー

No. 3615 FEB. 11, 1939 NATURE 239

Letters to the Editor

The Editor does not hold himself responsible for opinions expressed by his correspondents. He cannot undertake to return, or to correspond with the writers of, rejected manuscripts intended for this or any other part of NATURE. No notice is taken of anonymous communications.

NOTES ON POINTS IN SOME OF THIS WEEK'S LETTERS APPEAR ON P. 247.

CORRESPONDENTS ARE INVITED TO ATTACH SIMILAR SUMMARIES TO THEIR COMMUNICATIONS.

Disintegration of Uranium by Neutrons: a New Type of Nuclear Reaction

On bombarding uranium with neutrons, Fermi and collaborators[1] found that at least four radioactive substances were produced, to two of which atomic numbers larger than 92 were ascribed. Further investigations[2] demonstrated the existence of at least nine radioactive periods, six of which were assigned to elements beyond uranium, and nuclear isomerism had to be assumed in order to account for their chemical behaviour together with their genetic relations.

In making chemical assignments, it was always assumed that these radioactive bodies had atomic numbers near that of the element bombarded, since only particles with one or two charges were known to be emitted from nuclei. A body, for example, with similar properties to those of osmium was assumed to be eka-osmium ($Z = 94$) rather than osmium ($Z = 76$) or ruthenium ($Z = 44$).

Following up an observation of Curie and Savitch[3], Hahn and Strassmann[4] found that a group of at least three radioactive bodies, formed from uranium under neutron bombardment, were chemically similar to barium and, therefore, presumably isotopic with radium. Further investigation[5], however, showed that it was impossible to separate these bodies from barium (although mesothorium, an isotope of radium, was readily separated in the same experiment), so that Hahn and Strassmann were forced to conclude that *isotopes of barium ($Z = 56$) are formed as a consequence of the bombardment of uranium ($Z = 92$) with neutrons.*

At first sight, this result seems very hard to understand. The formation of elements much below uranium has been considered before, but was always rejected for physical reasons, so long as the chemical evidence was not entirely clear cut. The emission, within a short time, of a large number of charged particles may be regarded as excluded by the small penetrability of the 'Coulomb barrier', indicated by Gamov's theory of alpha decay.

On the basis, however, of present ideas about the behaviour of heavy nuclei[6], an entirely different and essentially classical picture of these new disintegration processes suggests itself. On account of their close packing and strong energy exchange, the particles in a heavy nucleus would be expected to move in a collective way which has some resemblance to the movement of a liquid drop. If the movement is made sufficiently violent by adding energy, such a drop may divide itself into two smaller drops.

In the discussion of the energies involved in the deformation of nuclei, the concept of surface tension of nuclear matter has been used[7] and its value has been estimated from simple considerations regarding nuclear forces. It must be remembered, however, that the surface tension of a charged droplet is diminished by its charge, and a rough estimate shows that the surface tension of nuclei, decreasing with increasing nuclear charge, may become zero for atomic numbers of the order of 100.

It seems therefore possible that the uranium nucleus has only small stability of form, and may, after neutron capture, divide itself into two nuclei of roughly equal size (the precise ratio of sizes depending on finer structural features and perhaps partly on chance). These two nuclei will repel each other and should gain a total kinetic energy of *c.* 200 Mev., as calculated from nuclear radius and charge. This amount of energy may actually be expected to be available from the difference in packing fraction between uranium and the elements in the middle of the periodic system. The whole 'fission' process can thus be described in an essentially classical way, without having to consider quantum-mechanical 'tunnel effects', which would actually be extremely small, on account of the large masses involved.

After division, the high neutron/proton ratio of uranium will tend to readjust itself by beta decay to the lower value suitable for lighter elements. Probably each part will thus give rise to a chain of disintegrations. If one of the parts is an isotope of barium[5], the other will be krypton ($Z = 92 - 56$), which might decay through rubidium, strontium and yttrium to zirconium. Perhaps one or two of the supposed barium-lanthanum-cerium chains are then actually strontium-yttrium-zirconium chains.

It is possible[8], and seems to us rather probable, that the periods which have been ascribed to elements beyond uranium are also due to light elements. From the chemical evidence, the two short periods (10 sec. and 40 sec.) so far ascribed to ^{239}U might be masurium isotopes ($Z = 43$) decaying through ruthenium, rhodium, palladium and silver into cadmium.

In all these cases it might not be necessary to assume nuclear isomerism; but the different radioactive periods belonging to the same chemical element may then be attributed to different isotopes of this element, since varying proportions of neutrons may be given to the two parts of the uranium nucleus.

By bombarding thorium with neutrons, activities are obtained which have been ascribed to radium and actinium isotopes[8]. Some of these periods are approximately equal to periods of barium and lanthanum isotopes[5] resulting from the bombardment of uranium. We should therefore like to suggest that these periods are due to a 'fission' of thorium which is like that of uranium and results partly in the same products. Of course, it would be especially interesting if one could obtain one of these products from a light element, for example, by means of neutron capture.

「中性子によるウランの分解」

一九四四年度のノーベル化学賞は「核分裂の発見」によりハーンに与えられた。明らかな不公正である。ハーンは「物理学者は核分裂を予想もしなかった」という態度を生涯取り続け、リーゼのいかなる貢献も決して認めようとしなかった。不誠実である。シュトラースマンは「リーゼ・マイトナーが発見に直接参加しなかったことが重要だろうか？　彼女の発案がこの仕事の始まりであり、彼女がスウェーデンから私たちを精神的に結びつけていた……彼女がティームの精神的リーダーで、分裂発見に居合わせなかったとしても、彼女はティームに属していた」と言っている。

一九五六年に化学研究所の建物はオットー・ハーン館と名付けられた。そのとき外壁に「オットー・ハーンとフリッツ・シュトラースマンは一九三八年に当時のカイザー・ヴィルヘルム化学研究所のこの建物でウラン分裂を発見した」と書かれた銘板が取り付けられたがリーゼにまったく触れていない。一九九七年になってようやく「原子分裂の共同発見者リーゼ・マイトナーは一九一三―一九三八年に、分子遺伝学の開拓者の一人マクス・デルブリュックはマイトナーの助手として一九三二―一九三七年にこの建物で研究した」と書かれた銘板が外壁に取り付けられた。理論物理学から生物学に興味を向け始めたデルブリュックにリーゼは助手職を申し出た。「原子分裂」はおかしいと思いつつ二つの銘板を見上げていたら通りかかった生化学の教授が鍵を開けて館内を案内してくれた。二階にもハーンとシュトラースマンだけを記念する銘板があるが、三階の「リーゼ・マイトナー講義室」の入口には

旧化学研究所銘板

リーゼ・マイトナー講義室

リーゼのブロンズ像が飾ってあった。

リーゼは晩年まで物理への情熱を失わなかった。一九六〇年にフリッシュがいるケンブリッジに移り、九十歳になる直前の一九六八年十月二十七日に老人養護施設で静かに亡くなった。シュトラウスのワルツとは異なり、ドナウの水は濁っていても、楽しかったヴィーンの少女時代を思い出していただろうか。リーゼの墓は一番下の弟が眠るブラムリー教会墓地にある。ロンドンのパディントン駅から列車で三十分ほどでレディングに着く。小さなブラムリー村はレディングで支線に乗りかえて十五分の距離にある。小さな村だから迷うことはない、はずだった。だがいくら歩いても教会にたどり着けない。自転車に乗ってやってきた人を止めて道を訊いてみた。「自転車であたりを探してみるよ」と走り去った彼は、やがて戻ってきて教会の場所を教えてくれた。教会はとっくに通り過ぎていた。リーゼの墓石には「人間らしさを決して失わなかった物理学者」と刻まれている。

マイトナー墓碑

コンディット通りの楽器店

ホイートストン
Charles Wheatstone

グロスター

ぼくはゴミの山の中で生息している。勉強部屋、居間、寝室、どの部屋の床も、廊下も、いまにも倒れそうな本の山が林立している。ぼく以外の人間にはゴミの山にしかみえないのだろうが、オーストラリアの友人は、気をつかって、「コーイチの斜塔」と呼んでいる。ディケンズ最後の小説『我らが共通の友』にもゴミの山のような本の山が登場する。ゴミ集めで財産を築いたハーモン旦那が亡くなった。莫大な遺産を受け取るため米国から帰ってきた息子ジョンが、なにものかに襲われ、テムズ川で死体となって発見された。遺産、つまりゴミの山はハーモン旦那の部下ボフィン氏の所有になった。ある日、本の山に閉じこめられたボフィン氏は悪党ウェグとその相棒ヴィーナスに手伝わせて本を運びだす。「おまえの友だちはどこにいる？おお、来てくれたな。すまんがウェッグとわしに手を貸してこの本を運んでもらえんかな？　だがサザックのジェミー・テイラーと、グロスターのジェミー・ウッドは手をつけんでくれ。こいつらがその二人のジェミーだが、わしが自分で持って行こう」（間二郎訳、ちくま文庫)。

ジェミー(ジェイムズ)・ウッドは、その吝嗇と奇矯ぶりで英国中に有名になり、ディケンズに『クリスマス・キャロル』の守銭奴スクルージを創造させたと言われている。ジェミーの祖父は英国で最初の民間銀行の一つ(後にロイズ銀行に吸収)を創立し、ジェミーがそれを受け継いだ。銀行と雑貨小間物屋は繁盛したが、ジェミーが慈善団体に寄付することはほとんどなかった。グロスター市長にならなかったのは入費を惜しんだからだ。公共交通機関は使わずいつも歩いたが、荷車に乗せてもらったり、どしゃ降りのときなどはからの霊柩車に乗せてもらってグロスターに帰ってきたこともあった。

ブリストルから鉄道で北東に一時間足らずでグロスターに着く。ローマ時代の市壁跡内につくられた旧市街は、十字形をなす四本の繁華街、ノースゲイト通り、サウスゲイト通り、ウェストゲイト通り、イーストゲイト通りで四分割されている。四本の道が交わるのがザ・クロスだ。ザ・クロスのすぐ近く、ウェストゲイト通りにジェミーの店があった。ジェミーはいつも、みすぼらしい半ズボンと靴下で店の前に立ち、突き出た腹をまとう胴着からはシャツをはみ出させていた。

ウェストゲイト通りの並びに三階建ての古い建物があり、「物理学者王立協会会員チャールズ・ホイートストン卿は幼年時代一八〇二—一八〇六年をこの家で過ごした」と書かれた銘板が取り付けてある。ジェミーが父の死で家業を受け継いだ一八〇二年にホイートストンが生まれた。ホイートストンの父ウィリアムは

ウェストゲイト通り旧居

バーンウッドロード生家

この家で靴をつくっていた。グロスターで買った案内書にホイートストンはこの家の階上で生まれたと書いてあるがそれは間違いだ。郊外のバーンウッド、アーミン通りにあるマナーハウスが生家である。バーンウッド行のバスの女性運転手にそれらしい家があるか訊いてみた。しばらく考えていた彼女は、たぶんあの家だろうと言うので、切符を買った。ぼくはジェミーのように二マイルを歩くほどケチではないが、抜け目なく往復割引切符を買うところが節約家だ。

バス停のすぐ近くにあるマナーハウスは老人養護施設として使われていた。だが住所はバーンウッドロードになっている。通りかかった女性にアーミン通りの場所を訊いてみた。彼女はカフェ勤務で、毎日グロスターまで二マイルを歩いて通勤しているそうだ。しみったれジェミーと同じではないか。一緒に探してあげるからついてきなさいよ、と言うので並んで歩き出したが、あまりの早足に息が切れてきた。向こうから二人連れの女性が歩いてきた。グロスターでみんな歩くのではバス会社はあがったりだ。その二人は、このバ

グロスター大聖堂

ーンウッドロードがアーミン通りだったのよ、と教えてくれた。帰りのバスに乗るとさっきの女性運転手だ。「マナーハウスは見つかったの？　よかったね。」

チャールズ・ホイートストンは一八〇二年二月六日に母ベイアータ・バブの実家だったこのマナーハウスで生まれた。ホイートストンはしばしば祖父母の家に滞在している。受洗したのはグロスターの聖メアリー・デ・ロウド教会である。ウェストゲイト通りの北に壮大な大聖堂がある。その回廊は映画『ハリー・ポッター』でホグウォーツ魔法魔術学校として使われた。聖メアリー門をくぐってその隣の敷地に入ると、「ブラディーメアリー」によって処刑されたグロスター主教ジョン・フーパー記念碑が火刑台跡に立っている（メアリー一世は反宗教改革で三百人ものプロテスタント指導者を処刑した）。グロスター最古の聖メアリー・デ・ロウド教会はその向かいにある。

ホイートストン一家は一八〇六年にロンドンに移った。父はロンドンで楽器を製作し、フルートやフラジ

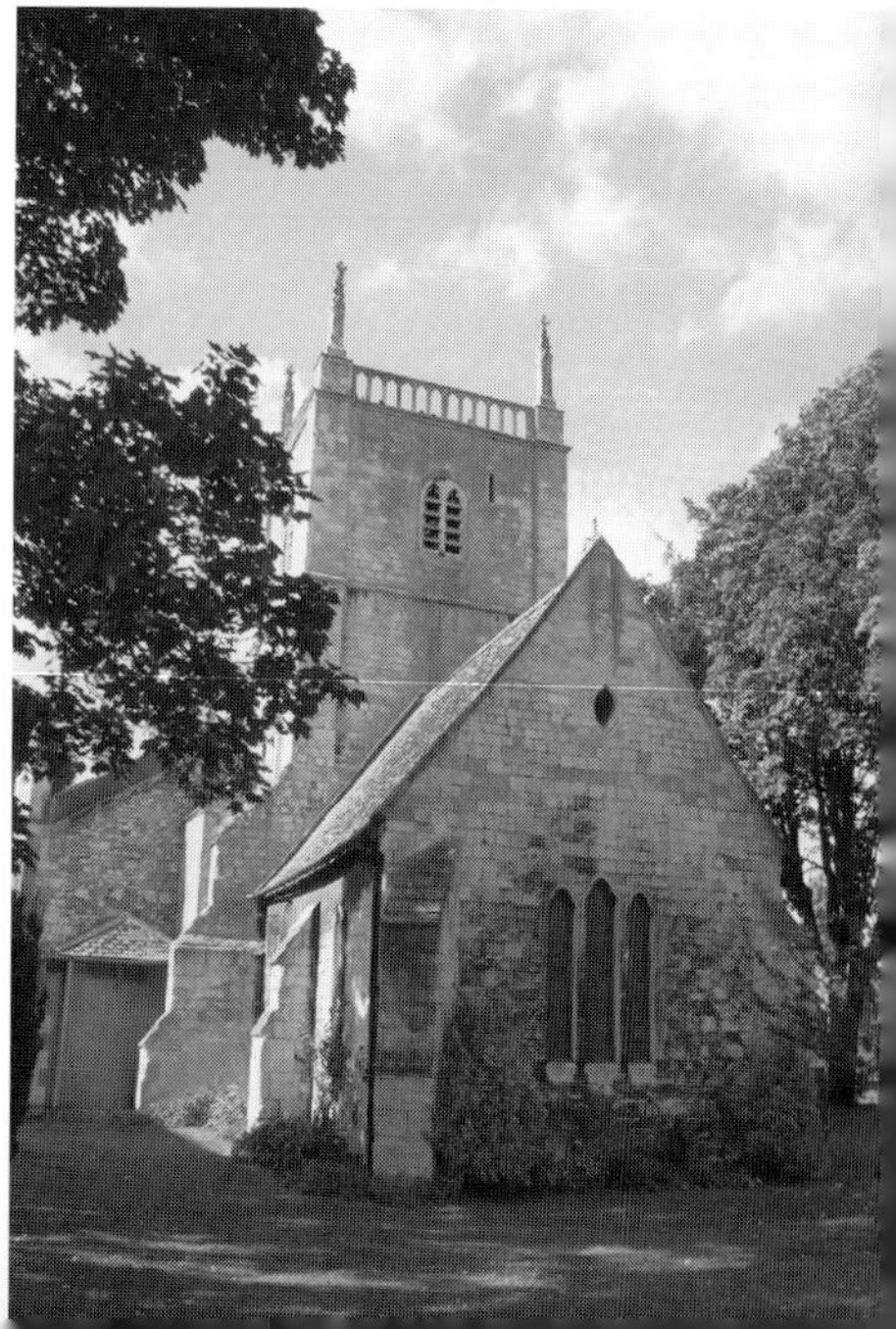

聖メアリー・デ・ロウド教会

フーパー記念碑

オレットを教えた。ホイートストンはグロスターですでに学校に通っていたが、ロンドンではケニントンの学校に入学した。抜群の成績で校長キャスルメイン夫人を驚かせたが、おく病で内気な少年だった。一八一三年にはペル・メルに移った。シャーロック・ホームズの兄マイクロフトが住んでいた通りで、フラットのすぐ向かいにはディオゲネスクラブがあった。余談が多いが、ホイートストンはヴィア通りの学校に通った。ホイートストンはモリアーティ教授の手下がホームズめがけて屋根からレンガを落した通りだ。ホイートストンは、上級生をおさえて、フランス語で金賞を受賞したが、授賞式での挨拶を拒否した。おどしてもすかしても頑として言うことをきかないので金賞は取りやめになってしまった。

ホイートストンは一八一六年にストランドにあった叔父チャールズの楽器店の徒弟になったが商売は嫌いで本ばかり読んでいた。父のもとに戻ったホイートストンは独学で詩を書いたり作曲したりした。小遣いは興味の赴くまま本を買うのに費やした。文学、歴史、物理、数学の本を読み、電気の実験をした。音楽への興味から音の理論を研究し、砂を使ったクラードニ図形のかわりに水を使ってより微小な振動を観測できるようにした。一八一八年に楽器フリュート・アルモニークを考案している。

一八二三年に叔父が亡くなるとホイートストンと弟ウィリアムが楽器店を引き継いだ。その年の五月にロンドンにやってきたエールステズと知り合いになった。エールステズはホイートストンに音の研究を論文にして発表するようすすめた。『哲学年報』に掲載された「音についての新実験」がホイートストンの処女論文になった。一八二五年には王立研究所実験室主任になったファラデイと知り合い生涯の親友になった。ファラデイは内気で話の下手なホイートストンにかわり、一八二八年二月十五日以降二十年以上にわたって金曜講演を行った。ファラデイが代講を引き受けたのはホイートストンだけである。一八二九年に楽器コンチェルティーナ（アコーディオンの一種）を発明している。同年ストランド再開発のため楽器店をコンディット通りに移した。またもや余計なことだが、モリアーティ教授の凶悪な参謀長モラン大佐が住んでいた通りだ。

ホイートストンは一八三四年にキングズカレッジ実験哲学教授になった。だが極端に内気なホイートストンである。ホイートストンの追悼文にはこう書かれている。「［教授就任の］翌年前半に音に関する八回の講義をしたが、話す能力への、いつもの、根拠がないとは言えない自信のなさが乗り越えられない障害となっ

コンディット通り旧居

キングズカレッジ

て、この後すぐに講義をすることをやめてしまった。」ホイートストンは最初の半年を除いて亡くなるまで講義をしない教授だった。後のことになるが、講演を頼まれたホイートストンは「ぼくはこれまで一度も公開の会議で講演したことはありませんし、これからもできません」と返事している。

ホイートストンは一八三四年に回転鏡を用いて導線を伝わる電流の速さを測定し、毎秒二八八、〇〇〇マイル、光速度の約一・五倍を得た。その結果は論文「電気の速度と電気の光の持続時間を測定する実験報告」として発表した。論文としては再び公表することはなかったが、ホイートストンの実験を見学して感動したキングズカレッジ評議員は一八四〇年二月二日の日記に「彼〔ホイートストン〕は通信速度が一秒間に一六〇、〇〇〇マイル、地球八周以上で伝わることを確かめたようです」と記している。また、ホイートストンは回転鏡を用いて光速度を測定する実験を提案しているが、それに成功したのは十五年後のフーコーである。

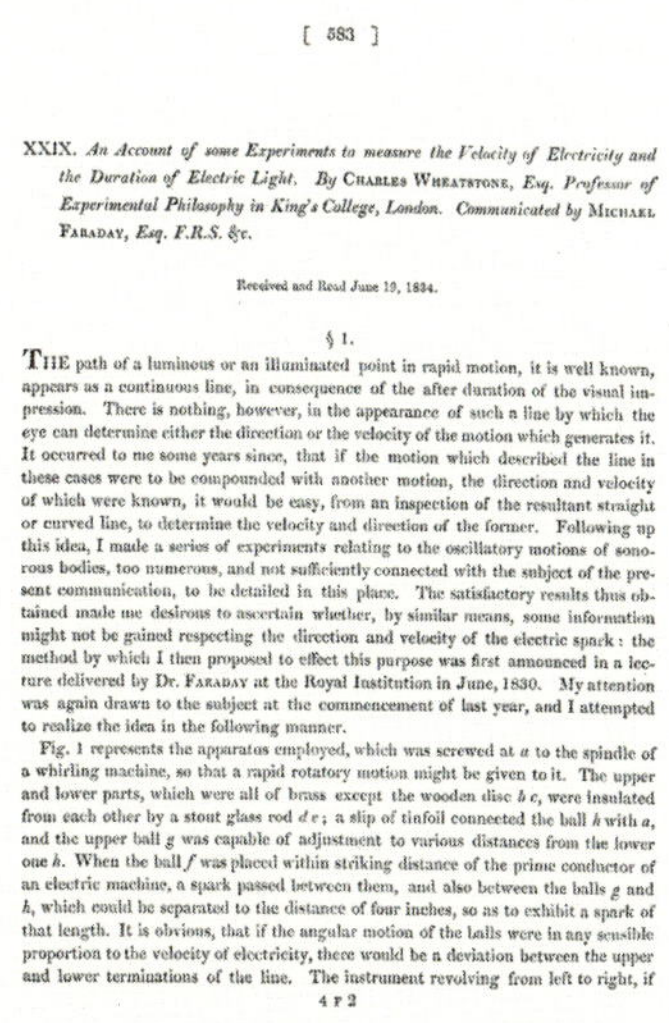

[583]

XXIX. *An Account of some Experiments to measure the Velocity of Electricity and the Duration of Electric Light.* By Charles Wheatstone, *Esq. Professor of Experimental Philosophy in King's College, London. Communicated by* Michael Faraday, *Esq. F.R.S. &c.*

Received and Read June 19, 1834.

§ 1.

THE path of a luminous or an illuminated point in rapid motion, it is well known, appears as a continuous line, in consequence of the after duration of the visual impression. There is nothing, however, in the appearance of such a line by which the eye can determine either the direction or the velocity of the motion which generates it. It occurred to me some years since, that if the motion which described the line in these cases were to be compounded with another motion, the direction and velocity of which were known, it would be easy, from an inspection of the resultant straight or curved line, to determine the velocity and direction of the former. Following up this idea, I made a series of experiments relating to the oscillatory motions of sonorous bodies, too numerous, and not sufficiently connected with the subject of the present communication, to be detailed in this place. The satisfactory results thus obtained made me desirous to ascertain whether, by similar means, some information might not be gained respecting the direction and velocity of the electric spark: the method by which I then proposed to effect this purpose was first announced in a lecture delivered by Dr. Faraday at the Royal Institution in June, 1830. My attention was again drawn to the subject at the commencement of last year, and I attempted to realize the idea in the following manner.

Fig. 1 represents the apparatus employed, which was screwed at *a* to the spindle of a whirling machine, so that a rapid rotatory motion might be given to it. The upper and lower parts, which were all of brass except the wooden disc *b c*, were insulated from each other by a stout glass rod *d e*; a slip of tinfoil connected the ball *h* with *a*, and the upper ball *g* was capable of adjustment to various distances from the lower one *h*. When the ball *f* was placed within striking distance of the prime conductor of an electric machine, a spark passed between them, and also between the balls *g* and *h*, which could be separated to the distance of four inches, so as to exhibit a spark of that length. It is obvious, that if the angular motion of the balls were in any sensible proportion to the velocity of electricity, there would be a deviation between the upper and lower terminations of the line. The instrument revolving from left to right, if

4 F 2

「電気の速度と電気の光の持続時間を測定する実験報告」

電流は電子の流れである。導線の中で電子の移動速度はなめくじ並みの遅さだ。だが電流は光速度、一秒間に地球七周半で伝わる。導線のまわりの電磁場の速度、光速度が電流の速度だ。この事実は後になって、マクスウェル理論に基づいて、ホイートストンの甥オリヴァー・ヘヴィサイドが明らかにすることになる。電流の速度と光速度が同じであるというホイートストンの実験結果は電磁気学の基本方程式を探すための手がかりとなる大発見だった。

ホイートストンの人柄を伝える有名な事件がある。伝説となってしまった話は少し大げさになっているのかもしれないが、くり返さないわけにはいかない。一八四六年四月十日金曜日、王立研究所で、ホイートストンはファラデイに代講を頼まず、初めて自分自身で電気の速度について講演する予定だった。ピアス・ウィリアムズの書いた伝記『マイケル・ファラデイ』を引用するとこうだ。「ファラデイとホイートストンが講義室のドアに近づくと、ホイートストンはパニック状態になり、階段を駆け下りてアルブマール通りを逃げさってしまい、待ちかねる聴衆と講演者不在という状態にファラデイを残していってしまった。ファラデイは、穴埋めのために、予定された講演内容についてできる限り長引かせて講演してから、光の電磁説への最初のヒントと考えられる「線の振動に関する考察」について話した。」王立研究所からコンディット通りの自宅まで二百メートルしかない。ファラデイがこのとき話した「光は電気力線の振動である」という大胆な仮説はマクスウェルの電磁理論として実を結ぶことになる。マクスウェルはキングズカレッジ教授時代に理論を完成したのだが、不思議なことに、ホイートストンとの交流は伝えられていない。

ジェミー・ウッドがグロスターで亡くなったのは一八三六年である。聖メアリー・デ・クリプト教会に埋葬された。ザ・クロスからサウスゲイト通りを下った場所にある。墓地の隣にフランス国旗と海賊旗をかかげる古いパブ&レストランがあった。室内には古い井戸があり、天井には酒の空き瓶がぎっしり敷きつめられていた。ジェミーは莫大な財産を相続人なく残した

聖メアリー・デ・クリプト教会

ので市当局を巻き込んだ法廷争いになった。財産の大部分は訴訟費用として法律家の財布に消えてしまった。霊柩車に乗せてもらってまで倹約することはなかったのだ。

ホイートストンはその一八三六年に電気の速度を測定する装置が電信機に転用できることを示唆していた。翌年二月二十七日にコンディット通りの家にウィリアム・クックが訪ねてきた。クックはロウ製の解剖模型をつくっていたがハイデルベルク大学で電信機を見て電信機をつくることを思い立った。試作機は長距離ではうまく働かず、あきらめかけていたときホイートストンを紹介された。ホイートストンの興味は物理学者としてのものであり、クックの目的は事業だが、ホイートストンは共同事業の提案に合意した。クックはホイートストンの科学的助言に対し利益の六分の一を提案したが、ホイートストンは二分の一を要求した。さすがジェミー・ウッドを生んだグロスター出身だ。ホイートストンは貸し借りなしの対等の契約をのぞん

パブ＆レストラン

チャールズ・ホイートストン

だ。

ホイートストンが電信機の開発に没頭している頃ジヨウゼフ・ヘンリーがロンドンにやってきた。ヘンリーは最初コンディット通りの家に、後にキングズカレッジにホイートストンを訪ねてきた。ホイートストンは開発中の電信機を見せた。ヘンリーは一年前につくった電信機を説明した。その二か月後の六月十二日にクックとホイートストンは最初の電信機の特許を得た。

試験電信線はユーストンとカムデンタウン駅の間に敷設された。ユーストン駅でホイートストンが最初の信号を送信し、カムデンタウン駅でクックが受信し返信した。最初の商用電信線はグレイトウェスタン鉄道のパディントンとウェストドレイトン駅の間に敷設された。

クックは一八四〇年に、ホイートストンが電信機の発明に関して不当な取り分を得ている、と言いがかりをつけてきた。テムズ河の下にトンネルをつくった土木技師マーク・ブルーネルがクック、電池をつくったキングズカレッジ教授ジョン・ダニエルがホイートストンの代理となり調停が行われた。結論は、電信機は主としてホイートストンが発明し、クックが商業用に実用化した、二人には同等の権利がある、というものだった。共同事業は解消したが、クックは一八五四年にも小冊子『電信機――それはホイートストン教授が発明したか?』を出版し、電信機は共同事業を始める前にクックが単独で完成していたと言い張った。クックは、最初の特許申請で自分の試作機にまったく触れ

パーククレセント旧居

なかったことについて、忙しくて忘れていた、と苦しい言い訳をしている。

現代ではホイートストンの名は「ホイートストンブリッジ」によってしか記憶されていない。電気抵抗値を正確に測るための回路だが、最初に考案したのは王立士官学校のサミュエル・クリスティーで、一八三三年に論文を発表していた。ホイートストンは一八四三年に忘れられていたこの回路のさまざまな使用法を論文にして発表した。ホイートストンはくり返しクリスティーが最初に発明したと記しているが、在世中にホイートストンブリッジという用語が定着してしまった。

内気だったせいか、ホイートストンが結婚したのは四十五歳になってからである。一八四七年二月十二日に、因習に抗して、召使いの料理人エマ・ウェストと結婚し、最初はハマースミスのテムズ河岸ロウアモールに住んだ。エマはホイートストンの十一歳年下でヘヴィサイドの母レイチェルの姉妹である。ホイートストン一家は後にリージェント公園南にあるパーククレセントに引っ越した。旧居には青い銘板が取り付けてある。エマは一八六五年に五十一歳で亡くなった。ホイートストンは亡くなるまでこの家に住んだ。ホイートストンはパリ科学アカデミーの会議に出席するためパリに滞在しているときに気管支炎にかかり一八七五年十月十九日に亡くなった。遺体はロンドンに運ばれケンゾールグリーン墓地に埋葬された。葬儀にはクックも参列していた。ホイートストンと袂を分かったクックは一八四六年に世界初の公共電信会社を設立し、電信機で莫大な利益を得たが、北ウェイルズにおける鉱山事業で全財産を失い、一八七一年からは王室下賜年金を支給されて隠遁生活をしていた。クックは一八七九年に無一文で亡くなった。

地下鉄ベイカールー線のケンゾールグリーンで下りると広大な墓地がある。数学者チャールズ・バベッジ、バークベックカレッジ創立者ジョージ・バークベック、社会改革家ロバート・オウエン、作家ウィルキー・コリンズらの墓所がある。ディケンズとほぼ同年齢で、同時期に並び称され、友人同士でもあった作家ウィリアム・サッカリーの墓所もある。クックとホイートストンの争いで調停に立ったブルーネルの墓所もある。入口で女性係員が誰の墓に参りたいか訊くのでホイートストンの名を言うと、しばらくリストを探していたが、「聞いたことがないわねえ」という返事だ。「閉門は五時だからそれまでに探してね。グッドラック！」と言われても困る。ホイートストンの墓は雑草が伸び放題の荒れ果てた場所にあった。屋根形の墓石に刻まれた名はほとんど読めなくなっていた。

ホイートストン墓所

灰色の脳細胞

ヤング

Thomas Young

トーントン

ロンドン、パディントン駅からプリマスまで直行の急行列車がある。レディング、トーントン、エクセター、ニュートンアボットを経て三時間あまりでプリマスに到着する。時間は余計にかかるし、本数も少ないが、ブリストルを経由する急行もある。アガサ・クリスティー初期の短編「プリマス急行」で、ルーパート・キャリントン卿夫人はブリストル経由のプリマス行急行列車の中で心臓を一突きされて殺され、死体は列車がニュートンアボット駅を発車するとき発見された。夫人の父で米国の鉄鋼王ハリデイ氏がロンドンのパークレインにある自宅にエルキュール・ポアロを呼びつけて調査を依頼した。パークレインはハイドパークの東に接する通りで豪華な邸宅が並んでいる。

「娘はパディントン駅発十二時十四分の列車でロンドンを発って、乗りかえ駅のブリストルにつくのが午後の二時五十分。……あとは、ウェストン、トーントン、エクセター、ニュートン・アボットにとまります。娘は、ブリストルまでは座席指定の一等車にひとりでのっており、同行したメイドはうしろの三等車にのっていたのです」（宇野輝雄訳『教会で死んだ男』、クリスティー文庫）。ジャップ警部は、ウェストン・トーントン間の線路ぎわで、犯行に使用されたナイフを発見した。ウェストン駅では、キャリントン夫人と言葉をかわしたという新聞売り子から事情を聴いた。すると犯行はトーントンの手前で行われたのか……。

　親愛なる読者に犯人と犯行の手口を教えてさしあげよう、と思っていたらブリストル発の列車は三十分でトーントンに着いてしまった。「謎の遺言書」で突然

ノース通り生家

ひらめいたポアロが飛び下りた駅だ。トーントンはサマーセット州の州都である。駅前で乗りかえたバスは、緑の丘陵が続く田園地帯を走り、三十分でミルヴァトンという小さな美しい村に着いた。ミス・マープルのセントメアリーミード村は特定されていないが、「教会と牧師館、旅籠、雑貨屋、郵便局がある村」だから、ミルヴァトンはぴったり条件に合う。バス道路から聖マイケルズヒルという通りに入ると聖マイケル教会がある。教会を突き抜け牧師館通りを下ると村にただ一本の表通りに出る。郵便局、雑貨屋があり、二軒のパブの一つでは宿泊もできる。ノース通りには二階建ての住宅が並んでいる。ヤングの生家はその一つだ。銘板はつたの葉で隠れて見えなくなっている。通りかかった村人が貸してくれた傘で葉を持ち上げて写真を撮った。

トマス・ヤングは一七七三年六月十三日に生まれた。父は織物商で銀行家だった。両親はクエイカー教徒で生家の裏に集会所クエイカーズロッジがあった。かつ

生家銘板

ミルヴァトン（右頁）

てノース通りはクエイカー通りだった。ヤングは両親から高潔、謙虚、勤勉を教えられた。真理への情熱、知識への渇望、独立不羈の精神はクエイカーのものである。二歳で本をすらすらと読み、四歳で聖書を二度通読するという、とてつもない「灰色の脳細胞」の持ち主だった。クエイカー教徒として、ヤングは奴隷制度に反対した。後に次のように書いている。「彼〔ヤング〕は十四歳になる前に奴隷の労働による生産物〔砂糖など〕を拒否することを決意し、一度として違背することなく、七年間その決意に忠実だった。」

小さな村なので隅から隅まで見てまわっても時間はかからない。郵便局の前で帰りのバスを待ったが時間が過ぎてもバスが来ない。村人がやってきて、バス停は確かにここだが、普通はバスはここまで来ない、と教えてくれた。「普通は」と言われても困るが、次のバスまで一時間の閑な時間ができてしまった。そこでまた村の中を散歩し、現代のクエイカーズロッジを見つけたりした。村の周囲は緑一色の美しさだ。ノース通りのバス停でバスを待っていたら、また村人がやってきて、バス停は確かにここだが、普通はバスはバス停ではなくあっちの角で停まる、と教えてくれた。

トーントンに戻ると今度はマインヘッド行のバスに乗った。ヤングはマインヘッドにあった母方の祖父ロバート・デイヴィスの家で少年時代を過ごした。祖父は、ヤングが五歳になる前にオリヴァー・ゴールドスミスの詩「廃村」を暗誦した、と記している。マインヘッドは海辺の保養地で、海岸の景色は息をのむ美しさだ。遊歩道には居心地のよさそうなレストランや喫

マインヘッド

茶店が並んでいる。観光案内所でデイヴィスやブロクルズビーの家を訊ねたが情報は得られなかった。リチャード・ブロクルズビーはヤングの母の伯父でヤングの生涯に大きな影響を与えることになる。

ヤングは一七八〇年七歳のときブリストルの近くの寄宿学校に入学したが、校長キングは無能で、ヤングは翌年この学校を逃げ出した。一七八二年三月に母の姉妹メアリーの夫トンプソンが校長をしていたコンプトン学校に入学した。学校はサマーセットの南のドーセットにあった。古典、数学、物理、オリエント文学、ヘブライ語を勉強した。ニュートンの物理に導いてくれたのは若い助教師ジョウサイア・ジェフリーである。一七八六年に学校を卒業するとヘブライ語、カルデア語、古代シリア語、サマリア語、ペルシャ語の勉強に没頭した。

一七八七年十四歳のときに転機が訪れた。銀行家で醸造家の裕福なクエイカー教徒デイヴィド・バークリーがその孫で十二歳のハドソン・ガーニーの学友を探しているというのである。バークリー家の屋敷はウェアの郊外ヤングズベリーにある。ウェアはロンドンのリヴァプール通り駅から列車で北上して四十三分の距離だ。ウェア駅の中のバーでたむろしているタクシーの運転手たちに地図を見せてヤングズベリーを知っているか訊いてみた。みんな顔を見合わせて、知らねえな、と言うばかりだ。そのうちの一人が犠牲者となってヤングズベリーを探しに出かけた。何度も道行く人に訊ねてやっとヤングズベリーを見つけた。屋敷は道なき道を奥に入った農園にあった。ベルを鳴らすとご主人が出てこられたが、おっとりした老人で、この屋敷はヤングが住んでいた家のはずですが、と訊くと、「ヤングという人は知らないが、あなたはヤングのご親戚の方ですかな」というのんびりした返事だ。夫人と一緒に豪華な室内を案内していただいた。建物の古い写真も見せてもらったが、昔は三角屋根だった。

ヤングとガーニーは性格は正反対だが生涯の親友になった。ヤングはすぐに家庭教師ジョン・ホジキンを追い抜いてしまった。独学で古典を渉猟し自然科学、なかでもニュートンの『プリンキピア』と『光学』を

ヤングズベリー旧居

読んだ。冬の四か月はロンドンのレッドライオンスクエアにあるバークリーの邸宅で過ごした。このとき大伯父リチャード・ブロクルズビーはヤングの「灰色の脳細胞」にすっかり魅せられた。ブロクルズビーはロンドンの裕福な開業医でサミュエル・ジョンソンやエドマンド・バーク、画家ジョシュア・レノルズの友人だった。邸宅はパークレインのノーフォーク通り（現在のダンレイヴン通り）にあった。

ブロクルズビーの助言で、一七九二年十九歳のときロンドンのハンター解剖学校に入学し、翌年聖バーソロミュー病院医学生になった。ホームズとワトソンが出会った病院だ。ポアロのフラット「ホワイトヘイヴンマンションズ」のすぐ近くだが、無駄話はやめよう。その一七九三年五月には目が近くも遠くも見ることができるのは水晶体の厚さが変化して焦点を変えるからだという説を処女論文「視覚についての観察」として発表した。この業績によって翌年三月二十歳で王立協会会員に選出された。リッチモンド公爵の秘書になることを断り、この年にエディンバラ大学に入学した。

ゲッティンゲン大学旧物理教室

クエイカーの習慣をやめたのはこのときだ。さらに翌一七九五年にはゲッティンゲン大学に移り一年間滞在した。プリンツェン通りにある旧物理教室の建物の壁に銘板が取り付けてある。ヤングは当時医学教授ユストゥス・アルネマン所有のこの建物に下宿し、リヒテンベルクの物理講義も聴講した。

ヤングが一七九七年に帰国すると、在外中に規則が変わり、開業するためには二年間継続して同じ大学で学ばなければならなくなっていた。杓子定規の法律家のせいだ。ヤングは三月にケンブリッジのイマニュエルカレッジに進学した。医学ではもう学ぶことはない。ヤングは物理の研究に没頭した。その年の十二月三日、パークレインの家を訪問したその日、ブロクルズビーが亡くなった。ブロクルズビーは全財産をヤングに残した。一七九九年春に必要な学期を終えるとロンドンのウェルベック通りで開業した。ファラデイの父が働いていた鍛冶屋があった通りで、ファラデイが働いていた本屋も遠くない。

ウェルベック通り旧居

ラムフォード旧居

その年ラムフォードが王立研究所を設立した。ラムフォードの住居はハイドパークの南、ブロムプトンロードに現存する。高級百貨店ハロッズのある通りで、ポアロの「安アパート事件」ではこの高級住宅地で極端に安いフラットを紹介した仲介業者のいた通り……、いけませんねえ、また脱線ですよ、モナミ。ラムフォードは一八〇一年にヤングを面接し、自然哲学教授に採用した。ヤングは一八〇二年一月二十日から五月十七日まで三十一回の講義をした。翌一八〇三年には講義数を六十回に増やした。講義の内容は独創的で水準が高すぎ紳士淑女には受けなかった。二年で教授をやめてしまったが、ヤングのもっとも実りあるときだった。

ヤングは一八〇四年六月十四日にイライザ・マクスウェルと結婚した。式は国教会で行われたのでヤングの父は参加しなかった。ヤングは一八〇三年に医学士、一八〇八年に医学博士の学位を得た。一八一一年に聖ジョージ病院の医師に選ばれ亡くなるまでその地位にあった。ヤングは最大限の努力をし、優秀な医者だったが、愛想が悪く、人気はなかった。外科医ジョウゼフ・ペティグルーは次のように言っている。「彼は人気のある医者ではなかった。その職業を成功裡に遂行するために必要な自信や確信に欠けていた。彼はおそらく、医者という職業において、あまりにも深い知識がありすぎ、真の知識に到達する困難を知りすぎていたので、性急に判断を下せなかった。」聖ジョージ病院でも万全の準備をして講義に臨んだが、聴講者の水準を超える講義をしたので評判はよくなかった。学生

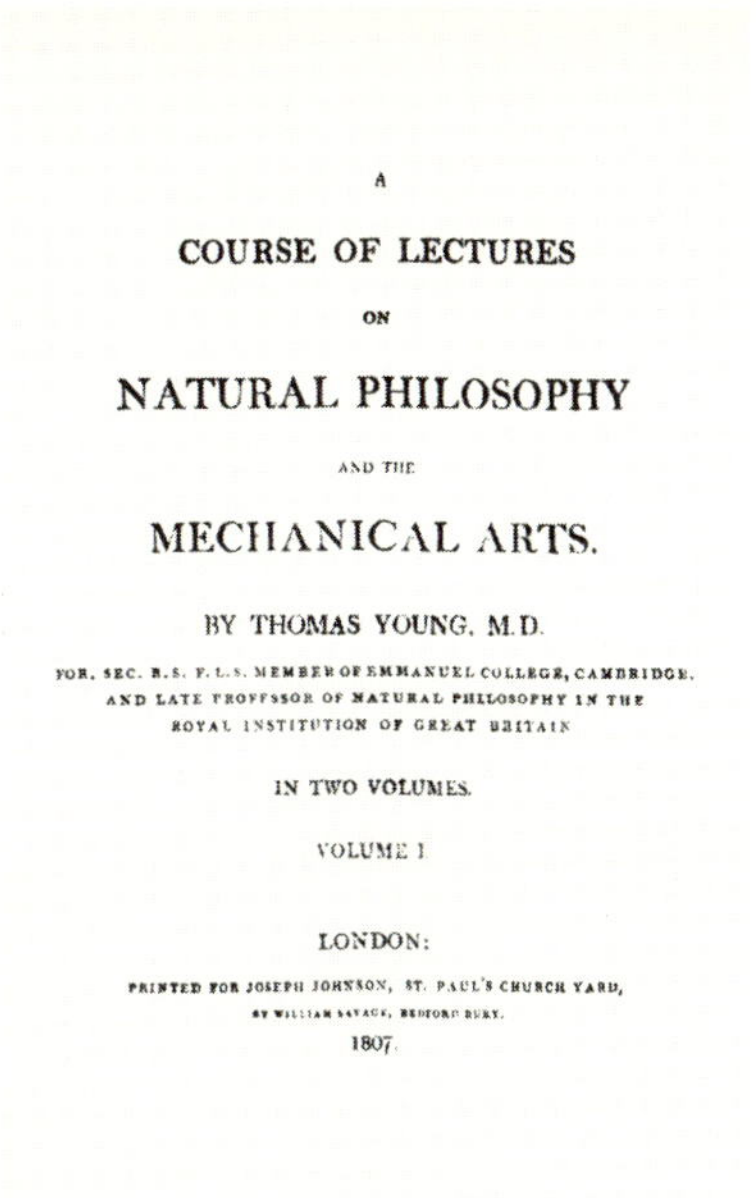
A

COURSE OF LECTURES

ON

NATURAL PHILOSOPHY

AND THE

MECHANICAL ARTS.

BY THOMAS YOUNG, M.D.

FOR. SEC. R.S. F.L.S. MEMBER OF EMMANUEL COLLEGE, CAMBRIDGE,
AND LATE PROFESSOR OF NATURAL PHILOSOPHY IN THE
ROYAL INSTITUTION OF GREAT BRITAIN

IN TWO VOLUMES.

VOLUME I

LONDON:

PRINTED FOR JOSEPH JOHNSON, ST. PAUL'S CHURCH YARD,
BY WILLIAM SAVAGE, BEDFORD BURY.

1807.

『自然哲学講義』

の評価はいつもそんなものだ。

ヤングは王立研究所で行った講義の記録『自然哲学講義』を一八〇七年に出版した。マクスウェルは『熱の理論』で「科学的な意味で、物体が行うことができる仕事量を表すエネルギーという用語は、ヤング博士(『自然哲学講義』講義八)によって導入された」と言っている。またヤングは棒の圧縮に対する抵抗をはかる量を初めて定義し弾性係数と呼んでいる。ヤング率だ。光の三原色の理論もこの講義録に初めて現れた。

ヤングはいち早く原子説に立っていた。表面張力の研究から分子の大きさを評価している。その値は現代の百倍ほど大きすぎたが、驚くべき先見性だ。また熱が物質であるとする熱素説を否定し、熱の原因を分子の運動によるとする説に立った。ラムフォードがヤングを王立研究所教授に採用した理由の一つなのだろう。

ヤングはイマニュエルカレッジで音と光の類似に着目し、光の波動説に取り組んでいた。一八〇〇年一月十六日に王立協会で「音と光に関する実験と研究の大要」を発表している。光の干渉の原理を発見したのは一八〇一年五月のことだが公表は『自然哲学講義』においてである。ヤングのもっとも重要なこの発見は長い間埋もれたままだった。一八三二年にパリ科学アカデミーでヤングの伝記を報告したアラゴーはその中で次のように言っている。「私は一八一六年に友人ゲー=リュサック氏とともに英国を訪れました。フレネールが、回折に関する論文の刊行によって、もっとも輝かしく、科学上の活動を始めたばかりのときでした。私の考えでは、光のニュートン説と相容れない主要な実験を含むこの論文は、当然、ヤング博士との最初の議論の主題になりました。フレネールの論文への私たちの賞賛について彼が与えた多くの留保は私たちを驚愕させました。そして最後に彼は、私たちがそんなにも高く評価したその実験が、一八〇七年にすでに、自然哲学に関する彼の論文の中で公表されていた、と述べられたのです。この主張は私たちには根拠があるように思えませんでした。それで長い立ち入った議論が続きました。ヤング夫人は会話には加わらないで同席されていました。英国の女性は、青鞜派というばかげた名で呼ばれるのを恐れて、外国人の前では差し控えておられるのだと思っていました。ヤング夫人が突然席を立たれたとき私たちは礼儀を失したことに気づいてご主人にお詫びを申し上げようとしました。そのとき彼女は大きな四つ折りの本を腕に抱えて部屋に戻ってこられたのです。それは『自然哲学』の第一巻でした。彼女はそれを机の上に置き、一言もなくその三八七〔アラゴーの記憶違いだろう。正しくは四六七〕頁を開きました。そして議論をしていた回折帯の曲線が理論的に確定されている図〔図四四五〕を指で指し示されたのです。」

トマス・ヤング

　この訪問の後、一八一七年一月十二日のアラゴーへの手紙でヤングは偏極が横向きの振動によって説明できることを示唆している。その一年前にアンペールがフレネールに横波の考えを述べたが、フレネールは論文でアンペールの考えを削除してしまった。またヤングは音と光の類似にこだわったために縦波の存在も許していた。完全な横波の考えに到達したのはフレネールで一八二一年のことである。天文学者ジョン・ハーシェルはヤングとフレネールを次のように評価した。「二人を分離してそれぞれの寄与を決めることは不可能であり、非現実的である。彼らはこの系のすべての部分にわたってそれほど密接に混じり合っている。最初の、鋭く意味深い示唆が一人を特徴づけ、成熟した思考、完全な系統的展開と決定的な実験による例示が同等にもう一人を際立たせている。」

一八一四年に友人がルクソールで買ってきたパピルスをヤングに見せた。興味をかき立てられたヤングはロゼッタ石のヒエログリフ解読を始めた。神聖文字の中でカルトゥーシュに囲まれた文字が固有名詞プトレマイオスとベレニケを表すとして初めて表音文字を同定した（十三のうち六個が正しかった）。ヤングは一八一九年に出版された『ブリタニカ百科辞典』第六版の補遺に項目「エジプト」を寄稿した。その中に解読した二百十八個の単語、推定した表音文字を記した。一八二二年九月二十七日にパリ碑文アカデミーでジャン＝フランソア・シャンポリオンがヒエログリフ研究結果を発表した。聴講したヤングは二十九日に友人に宛てて「たとえ彼〔シャンポリオン〕が英国製の鍵を借りたとしても、鍵穴はおそろしく錆ついていたので、普通の腕ではそれをまわす力はなかったでしょう。……私はシャンポリオン氏の成功に歓喜するばかりです。私の研究における若い助手、エジプトのさまざまな方言に私よりもはるかに精通した人を得たことで、私は寿命が延びたようです」と書いている。だがシャンポリオンはヤングとは独立に別の方法を使ったと主張した。今日では「解読者はシャンポリオン」ということになっているが、先駆者としてのヤングを過小評価する著者が多いのは理解できない。

ヤングは一八二五年暮にパークスクエアに移り、一八二九年五月十日に亡くなった。五十五歳だった。ファーンバラの聖ジャイルズ・ジ・アボット教会にある妻の実家、マクスウェル家の墓所に埋葬された。ロンドンのブラックフライアーズ駅から二十分ほどでブロムリーサウス駅に着く。駅前からバスに乗りしばらく

聖ジャイルズ・ジ・アボット教会入口

行くとファーンバラ村に出る。聖ジャイルズ教会の門を見たときはびっくりした。日本の寺の門とそっくりで、いきなり鎌倉に戻ったような風情だ。英国の教会は閉まっていることが多いが、その日はドアが開いており婦人が入口で番をしていた。ヤングの墓に参る人はまったくないらしく、大いに歓迎された。昼の二時間しか開けていないそうで、幸運だったわね、と祝福され、絵はがきをただでもらった。奥の祭壇の横の壁にヤングの墓碑が取り付けてあった。

ヤング墓所

ブラームスはお好き

ディリクレー

Gustav Lejeune Dirichlet

アクシールハウス

ゲッティンゲン南端の土塁にあるガウスとヴェーバーの銅像から目と鼻の先のクルツェ＝ガイスマール通りと病院通りの角に一七九一年に建てられた「アクシールハウス」がある。ヨーロッパ大陸初の産科医院である。玄関を入ってすぐにあるらせん階段が美しい。その建物の壁に「一八三五年七月五日にこの家で生まれた、ヨハネス・ブラームス若き日の恋人、アガーテ・フォン・ジーボルトの思い出に」と書かれた銘板が取り付けてある。幕末に来日したジーボルトの従弟にあたるアガーテの父はゲッティンゲン大学産科教授でこの家が職場であり自宅だった。優れた歌手だったアガーテは、ブラームスの友人で高名なヴァイオリン奏者ヨーアヒムがヴァイオリンの名器アマティのようだと評したように、甘く美しい声を持っていた。音楽愛好家だったアガーテの父の家は音楽であふれていた。

　ブラームスの『弦楽六重奏曲第二番』第一楽章ヴァイオリン声部に四分音符でA—G—A—H—Eを連ねた主題がある。ブラームスはアガーテの名を織り込んだ。ブラームスとクララ・シューマンの恋愛は有名だが、一八五六年にシューマンが亡くなるとブラームスはクララと距離を置いた。優柔不断な男だ。ブラームスは一八五八年夏にゲッティンゲンでアガーテと熱烈な恋におち指輪まで取り交わした。ゲッティンゲンに来ていたクララは二人の親密さを目撃し、その晩のうちに何もいわず帰ってしまったということである。だが、ブラームスはまたもや決断を下すことができず、煮え切らない手紙を書いたので、アガーテは深く傷つきブラームスとの関係を絶った。

アガーテ・フォン・ジーボルト

　ゲッティンゲン市立博物館の壁に「ヨハネス・ブラームス　ヨーゼフ・ヨーアヒム　音楽家　一八五三年夏」と書かれた銘板がある。ブラームスとヨーアヒムは一八五三年夏に知り合いニコラウス・ベルガーヴェークの家に同宿したが、銘板は、ヨーアヒムがユダヤ人のため、ナチの時代に取り外された。博物館の銘板は最近になって取り付けられた。一八五八年夏に、ピアノ製作者ヴィルヘルム・リトミュラーの所有だったこの建物で、ブラームス、ヨーアヒム、クララ、アガーテが共演した。

　リーマンは一八五七年から翌年までアクシールハウスの目の前にある小さな家に下宿していたからリーマンとアガーテはすれ違っていた、というのはいつものぼくの想像である。リーマンはその前の一八五四年から一八五七年まではバールフューサー通りに住んでいた。十六世紀の美しい木組みの家がある通りだ。アガ

ゲッティンゲン市立博物館（左頁）

Chili, Teufels-dreck und Safran
STÄDTISCHES MUSEUM

ミューレン通り旧居入口

ーテは結婚して同じ通りにある家に住んだがリーマン没後のことだ。アガーテが医師シュッテと結婚したのは一八六八年だから失恋の痛手から立ち直るのに十年を要したことになる。リーマンは一八五八年から一八五九年までシュトゥムプフェビール十六に住んでいた。十六を探してうろうろしていたら通りかかった陽気な郵便局員に「十六はなくなったよ」と宣告されてしまった。そこから横に入るミューレン通りに四枚の銘板を付けた木組みの家がある。ブラームス、ヨーアヒム、クララ、アガーテはこの家のサロンでも共演した。一枚の銘板に「P・G・ルジュン・ディリクレー 数学者 一八五六—一八五九」と書かれている。リーマンの恩師ディリクレー旧居である。

アーヘンとケルンの中間にある小さな町デューレンの中心マルクトから入ったヴァイアー通りの建物に「数学者ペーター・グスタフ・ルジュン・ディリクレーは、一八〇五年二月十三日に、一九四四年十一月十六日デューレン市壊滅以前にこの敷地に立っていた家で生まれた」と書かれた銘板が取り付けてある。父は郵便局長で市参事会員でもあった。「ルジュン・ディリクレー」はフランス語ル・ジュン・ド・リシュレット（リシュレットからの若者）に由来する。アーヘンの西、ベルギー、リエージュ近郊の小村リシュレットで曾祖父は、同名のその父と区別するために、ルジュン・ディリクレーを名のった。デューレンにやってきたのは祖父の代である。父はディリクレーを商人にしたかったが、ディリクレーは勉強したかった。父は裕福ではなかったがディリクレーに高等教育を受けさせ

ベートーヴェン生家

た。ディリクレーは一八一七年にボンの王立プロイセンギムナジウム（現在のベートーヴェンギムナジウム。当時ベートーヴェン生家のあるボンガッセに校舎があった）に進学している。数学と歴史、特にフランス革命後の現代史に興味を持った。ディリクレーは生涯を通じてリベラルな考えを持ち続けた。

一八二〇年冬から一年間ケルンでケルンのイエズス会ギムナジウムに在学した。ケルンではオームから数学を学んだ。オームの下でディリクレーの数学の学力は急速に上昇した。ケルンで行ったオームの実験はフーリエの熱伝導理論にヒントを得た。ディリクレーはオームからフーリエ理論を学んだだろう。ディリクレーはギムナジウム卒業資格試験を受けないで学校を終えたので、当時は必須だったラテン語を流暢に話すまでにはなっていなかった。そのため後で苦労することになる。両親の希望に従って昼は法律を勉強したが、夜には数学を勉強したので、ついに両親は息子が数学を勉強することを許可した。ディリクレーは一八二二年五月にパ

イエズス会ギムナジウム

リに出てコレージュ・ド・フランスとパリ大学理学部で数学の勉強を始めた。ラクロア、ビオー、アシェット、フランクールらの講義を聴いている。またガウスの傑作『整数論』を独学で学び、はかりしれない影響を受けた。『整数論』を常に机の上に置き、旅行中も決して手放さなかった。

一八二三年に大きな転機が訪れた。マクシミリアン・セバスティアン・フォア将軍が子供たちにドイツ語とドイツ文学を教える家庭教師を探しているというのである。フォア将軍もまた郵便局長の息子だった。将軍は、革命時代とナポレオン時代を通じて輝かしい軍歴を持つ軍人であると同時に、高い教養の持ち主でリベラルな考えを持っていた。恐怖政治を批判して逮捕されロベスピエールの没落で釈放されている。ナポレオンの皇帝就任に反対したため将軍への昇格が遅れた。王政復古で引退し『イベリア半島戦史』を執筆していたが一八一九年に代議士に選出され一七八九年の革命精神に基づいて王権主義と教権主義に敢然と刃向かった。

ディリクレーはフォア家に家族のように迎えられ数学の勉強にも十分な時間を取ることができた。ディリクレーの最初の論文はフェルマーの最終定理に関するものである。フェルマーの方程式 $x^n+y^n=z^n$ で、$n=4$ についてはフェルマー自身、$n=3$ についてはオイラーが解いたが、ディリクレーは $n=5$ に挑戦した。一般化したフェルマーの方程式 $x^5+y^5=Az^5$ において、多くの整数 A に対し、解がないことを証明している。パリ科学アカデミーに提出した論文は口頭発表を認められた。発表は一八二五年六月十一日に行われた。弱冠二十歳の数学界デビューである。すぐにルジャンドルが $n=5$ を解くとディリクレーも自分の方法で解いた。七年後に $n=14$ の場合を解いている。

一八二五年十一月二十八日にフォア将軍が亡くなった。ディリクレーはフーリエとポアソンを通じて知り合ったアレクサンダー・フォン・フンボルトに就職先について相談した。ガウスの推薦状もありブレスラウでの教職が与えられた。だが着任のためには学位を取得しなければならない。ボン大学にフェルマーの定理の論文を提出したが、プロイセンの大学を卒業しておらず、論文はラテン語で書いておらず、ラテン語で流暢に話すこともできない。さらに試験講義なしである。審査は長引いたがボン大学は一八二七年に全員一致でディリクレーに学位を授与した。

ブレスラウへの赴任の途中でゲッティンゲンに立ち寄り三月十八日にガウスに初めて会っている。講義を始めるためには教授資格審査を受けなければならない。ここでもラテン語が障害になった。ディリクレーはラテン語で行わなければならない試験講義の質疑応答を

グスタフ・ルジュン・ディリクレー

免除してもらった。資格試験論文はπが無理数であることを示すランベルトの証明についてで翌年公刊され、ディリクレーは助教授になった。ディリクレーのブレスラウ滞在は短かった。フンボルトはディリクレーをベルリンに招聘したかった。フーリエはディリクレーをパリに呼び戻したかった。フンボルトはディリクレーを陸軍士官学校に推薦した。当初からベルリン大学での講義も希望したが哲学部はディリクレーが教授資格を持たないことを問題にした。そこで妥協策としてディリクレーを称号だけの教授とし、大講義室でラテン語の講義を行うことを教授資格の条件にした。ディリクレーは一八三一年に助教授（同年ベルリン科学アカデミー会員に選出されている）、一八三九年に正教授になったにもかかわらず、二十三年後の一八五一年にラテン語での講義を行って教授資格を得るまで正規の教授ではなかったことになる。官僚的形式主義に誰も打ち克つことはできない。

フェーリクス・メンデルスゾーン・バルトルディーがベルリン声楽アカデミーを指揮してバッハの『マタ

レベッカ・メンデルスゾーン・バルトルディー

イ受難曲』を復活させたのは一八二九年である。翌年フンボルトはディリクレーを銀行家アブラハム・メンデルスゾーン・バルトルディーのライプツィガー通りにあった邸宅（現在連邦上院がある）で開かれていたサロンに紹介した。メンデルスゾーン邸の庭では毎日曜日にコンサートがあり、四人の子供たち、ファニー、フェーリクス、レベッカ、パウルが演奏した。四人は哲学者モーゼス・メンデルスゾーンの孫で、ファニー、フェーリクス、レベッカの三人はハンブルクで生まれたが、一八一一年四月十一日にレベッカが生まれるとすぐにハンブルクがフランス軍に占領されたため一家はベルリンに移住した。ハンブルクの家は第二次大戦中に破壊されフェーリクスの記念銘板でその場所を知るのみである。レベッカは祖父譲りの鋭い理解力、あふれ出る機知とユーモア、温かい心を持っていた。社

レベッカ生家跡

会や政治への関心も高く、リベラルな考えの持ち主だった。たくさんの求婚者をさしおいてレベッカはディリクレーを結婚相手に選んだ。一八三二年五月に結婚した二人はメンデルスゾーン邸に住んだ。

ディリクレーは一八二八年十月一日に陸軍士官学校に着任したが最初の一年はフリードリヒ・テーオドール・ポーゼルガーの講義助手として働いた。同時期に恩師のオームはベルリン大学助教授になっていた弟マルティーンの講義助手をしていた。ディリクレーは微積分とその力学への応用を取り入れることによって講義の水準を高めていった。一八二八年十月にハレ大学助教授になったばかりの物理学者ヴィルヘルム・ヴェーバーがベルリンにやってきた。フーリエの熱理論に関するディリクレーの講義を聴いたヴェーバーはディリクレーの親友となり、後にディリクレーをゲッティンゲンに招聘することになる。リーマンは一八四七年から一八四九年までベルリン大学でディリクレーの講義を聴いている。

ディリクレーの研究の中でもっとも物理に関係あるのはフーリエ級数の問題である。フーリエは、任意の周期関数が三角関数の級数で展開できる可能性を唱導したが、厳密な証明をしなかった。ディリクレーは一八二九年に論文「与えられた範囲で任意の関数を表現するのに役立つ三角級数の収束性について」でフーリエ級数展開が広い範囲の関数で可能なことを初めて厳密に証明した。一八三七年には物理向けに『任意の関数の正弦と余弦級数による表現』を出版している。フーリエは『熱の解析理論』の中で不連続関数でも三角

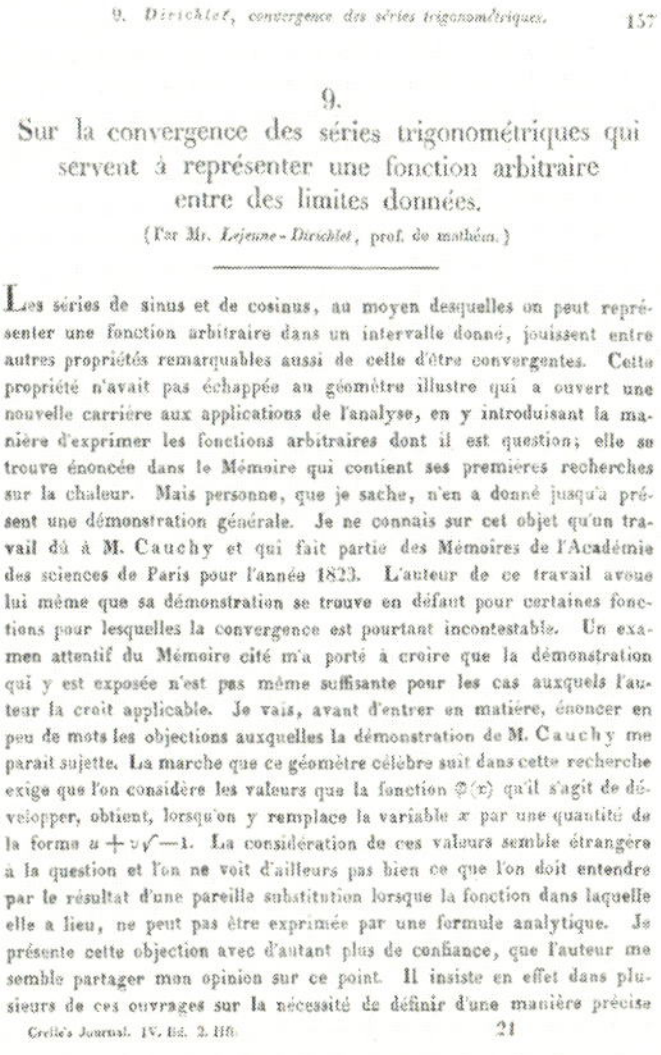

9. *Dirichlet, convergence des séries trigonométriques.* 157

9.
Sur la convergence des séries trigonométriques qui servent à représenter une fonction arbitraire entre des limites données.

(Par Mr. *Lejeune-Dirichlet*, prof. de mathém.)

Les séries de sinus et de cosinus, au moyen desquelles on peut représenter une fonction arbitraire dans un intervalle donné, jouissent entre autres propriétés remarquables aussi de celle d'être convergentes. Cette propriété n'avait pas échappée au géomètre illustre qui a ouvert une nouvelle carrière aux applications de l'analyse, en y introduisant la manière d'exprimer les fonctions arbitraires dont il est question; elle se trouve énoncée dans le Mémoire qui contient ses premières recherches sur la chaleur. Mais personne, que je sache, n'en a donné jusqu'à présent une démonstration générale. Je ne connais sur cet objet qu'un travail dû à M. Cauchy et qui fait partie des Mémoires de l'Académie des sciences de Paris pour l'année 1823. L'auteur de ce travail avoue lui même que sa démonstration se trouve en défaut pour certaines fonctions pour lesquelles la convergence est pourtant incontestable. Un examen attentif du Mémoire cité m'a porté à croire que la démonstration qui y est exposée n'est pas même suffisante pour les cas auxquels l'auteur la croit applicable. Je vais, avant d'entrer en matière, énoncer en peu de mots les objections auxquelles la démonstration de M. Cauchy me parait sujette. La marche que ce géomètre célèbre suit dans cette recherche exige que l'on considère les valeurs que la fonction $\varphi(x)$ qu'il s'agit de développer, obtient, lorsqu'on y remplace la variable x par une quantité de la forme $u+v\sqrt{-1}$. La considération de ces valeurs semble étrangère à la question et l'on ne voit d'ailleurs pas bien ce que l'on doit entendre par le résultat d'une pareille substitution lorsque la fonction dans laquelle elle a lieu, ne peut pas être exprimée par une formule analytique. Je présente cette objection avec d'autant plus de confiance, que l'auteur me semble partager mon opinion sur ce point. Il insiste en effet dans plusieurs de ces ouvrages sur la nécessité de définir d'une manière précise

Crelle's Journal. IV. Bd. 2. Hft. 21

「三角級数の収束性について」

級数で表せると述べているが、ディリクレーは、フーリエを正当化して関数の定義を広げ、「区分的に連続な関数」を考えた。フーリエ級数の部分和は「ディリクレー核」を用いた「ディリクレー積分」になる。任意の変数に対し、部分和の極限は両側の値の平均値になる。「ディリクレーの積分定理」だ。

物理と関係が深いもう一つの研究は、ある領域の境界で関数が与えられたとき、領域内でラプラース方程式を満たし、境界で与えられた関数になる関数を求めよ、という「ディリクレー問題」である（グリーンが最初にこのような問題を考えた）。超弦理論のDブレインのDはディリクレーに由来するわけだ。そして「ディリクレーの原理」は「ディリクレー問題」の解を変分法で与えるものである。このような方法はトムソン（ケルヴィン卿）が一八四七年に与えている（物理学者は「トムソンの定理」と呼んでいる）。リーマンはディリクレーが一八四〇年代からこの方法を講義で使っていると聞いて用語「ディリクレーの原理」をつくった。

ディリクレーは士官たちの間で人気があった。だが一八四八年の三月革命で学校が一時閉鎖された後再開されると士官たちの間に反動的な空気が広がり、ディリクレーのリベラルな気質と合わなくなっていった。保守派の新聞はリベラルな教授のリストを掲載したがその中にディリクレーやヤコービの名があった。静のディリクレーと動のヤコービは、性格は正反対だが心からの親友だった。

ディリクレーとヤコービは一八四九年にガウスの学位五十周年のお祝いに参加した。ヤコービが伝えていることだが、ガウスは『整数論』の原稿を燃やしてパイプに火をつけようとした。それを見て驚愕したディリクレーはあわててガウスから原稿を奪って火を消し、亡くなるまでその原稿を宝にした。

一八五五年にガウスが亡くなるとゲッティンゲン大学はディリクレーを後任に望んだ。ゲッティンゲンからヴェーバーが交渉にやってきた。普通ならベルリン大学に掛け合ってことを有利に用いるところだが、ディリクレーは駆け引きを嫌った。ディリクレーはその

ミューレン通り旧居

年にゲッティンゲンに赴任した。一八五五―五六年冬学期にレベッカはガイスマール通りのリヒテンベルク旧居を借りた。一年後ミューレン通りの家を購入した。レベッカはこの家でベルリンのメンデルスゾーン邸でのサロンを再現し、家を音楽で満たした。ヨーアヒムがヴァイオリンを奏で、クララ・シューマンがピアノを弾き、アガーテが歌を歌った。レベッカはこころよいソプラノで歌った。

　ディリクレーはゲッティンゲンで私講師デデキント、ヴェーバーの助手リーマンという話し相手を得た。一八五八年の夏学期が終わるとスイスのモントルーでガウス記念講演を準備し、流体力学の論文を書く予定だった。だが突然心臓発作におそわれた。ゲッティンゲンに帰ったディリクレーは回復するかに見えた。十二月一日にレベッカが突然亡くなった。ディリクレーは翌年五月五日に亡くなった。ヴェーバーはディリクレーの幼い子供の親代わりになった。

　リヒテンベルク夫妻の墓所のあるバルトロメーウス

クレブシュ墓所

ディリクレー夫妻墓所

墓地のほとんどの墓碑は風化し苔むして読めなくなっていたが、二〇〇六年に主な墓の修復が行われ容易に探せるようになった。リーマンの後任クレブシュの墓もまるで新しい墓のようになった。四角なかたちをしたディリクレー夫妻の墓は入口近くにある。ディリクレーが亡くなったのはアガーテが絶望の淵にいたときである。アガーテは市営墓地に眠っている。アガーテの主題は一八五九―六〇年に作曲された『十二の歌曲とロマンス』にも現れる。ブラームスはパウル・ハイゼの詩に曲を付けた。

そして君は墓地に行き新しい墓を見つける
彼らは涙を流して美しい心を埋めたのだ
そして君は心が死んだ理由を訊くが
どの墓石も答えてくれない
風がかすかにつぶやく
心は愛しすぎたのだと

ブラームスはヴィーン中央墓地で頭を抱えて苦しみ続けている。

ブラームス墓所

エーレンブライトシュタイン要塞

ラウエ

Max Laue

ベートーヴェンの母の生家

一七九二年十一月二日にボンを発ったベートーヴェンは、フランス革命軍とプロイセン軍が交える砲火をかいくぐり、ヴィーンに向かった。ハンス・マリーア・ルクスは小説『若きベートーヴェン』の中でベートーヴェンが母の故郷を通りかかったときのことをこう書いている。「十一月三日ヴィーン行の郵便馬車は大河を渡った。馬車は小さな町エーレンブライトシュタインの小路の多い通りを駆けていった。ルートヴィヒ・ファン・ベートーヴェンは窓際に立ち、母が生まれた切妻屋根の家を黙って見上げた。彼はかつて母のことを「やさしくて愛嬌のある母で、ぼくの最高の友だち」と呼んでいた。心の中で母の姿が目の前を静かによぎった瞬間、彼女が彼のためにしてくれたすべてのこと、耐えてくれたすべてのことに対して、愛情と尊敬の気持ちで彼女に感謝した。それは無駄になることはないだろう。道は上り坂になった。丘は今にもやってくる嵐の暗い灰色の中にそびえていた。彼はもう一度谷を振り返ってみた。河の水が光っているのが見えた。こうして彼は、二度とまみえることがないライ

ドイツの角

ンに別れを告げ、青春に別れを告げたのだった。」

　ラインとモーゼルはコーブレンツで合流する。合流点「ドイツの角」には皇帝ヴィルヘルム一世の巨大な騎馬像がある。ラインの対岸にヨーロッパ最大のエーレンブライトシュタイン要塞がそびえている。フランス革命軍が破壊し、プロイセン軍が再建した大要塞だ。息を切らせて要塞に上ると雄大で美しい眺望が得られる。要塞のふもとには歴史豊かな美しい小さな町がひっそりとたたずんでいる。ベートーヴェンが馬車で駆け抜けた道に沿って、エーレンブライトシュタインに読者の皆さんをご案内しよう。

　馬車がラインを渡ったプファッフェンドルファー橋はコーブレンツのトリーア選帝侯新居城の脇にある。橋を渡り川岸に沿って少し北上すれば「小路の多い通り」になる。ベートーヴェンの母マリーア・マクダレーナ・ケフェリヒの生家はヴァンバッハ通りに現存し記念館になっている。ホーフ通りの北端にはラロッシュの家がある。ゲーテは詩人ゾフィー・ラロッシュを訪ねてこの家にやってきた。『若きヴェールターの悩み』のロッテのモデルとなったシャルロッテを捨ててから一週間もたたないのにゲーテはゾフィーの長女マクセに恋した。なんという浮気者だ。ラロッシュの家の北のライン河岸にバロックの名匠バルタザール・ノイマンが設計したトリーア選帝侯居城が残っている。一七八六年に対岸に移るまでの居城だった。モーツァルト姉弟は一七六三年九月十八日に選帝侯の御前で演奏した。ベートーヴェンの母はこの年一月三十日に十六歳で選帝侯の近従と結婚していた。だが三年で夫を失った。二年後にケルン選帝侯宮廷テノール歌手だったベートーヴェンの父と再婚するためラインを船で下ってボンに赴いたのだった。

　エーレンブライトシュタインの町に入る直前に馬車が駆け抜けたエムザー通りに銘板を付けた家がある。マクス・ラウエは一八七九年十月九日にこの家で生まれた。アインシュタインの約七か月年少になる。父はプロイセン軍務局の官吏で、当時コーブレンツに駐在していた（父は一九一三年に世襲貴族の称号フォンを得たのでそれ以後フォン・ラウエを名のることにな

エムザー通り生家

る)。各地の駐屯地に転勤した父に従ってラウエも動きまわった。一八九三年に入学したシュトラースブルクのプロテスタントギムナジウムでゲーリング先生が数学と物理へ導いてくれた。またヘルマン・フェヒトとオットー・ベネッケと親友になった。三人でシュヴァルツヴァルトやヴォージュで登山をしたり、サイクリングをしたり、ラインを泳いで渡ったりして遊んだ。フェヒトは書店を営む伯父から一八九六年新年早々にいち早くレントゲンのX線発見の論文を手に入れてラウエに見せてくれた。

一八九八年にギムナジウム卒業資格を得てシュトラースブルク歩兵部隊で一年間の兵役を終えた。父はラウエを幼年学校に入れたかったが母がそれを思いとどまらせた。兵役終了直前十九歳のとき最愛の母が四十五歳で亡くなった(ベートーヴェンは十六歳のとき四十歳の母を亡くしている)。父は間もなく再婚したがラウエは継母を受け入れなかった。兵役の後半からシュトラースブルク大学で学び始め、一八九九年秋に移ったゲッティンゲン大学で理論物理学を専攻することに決めた。もっとも感動したのはヒルベルトの講義だが、数学は「真空中を泳ぐ」ように思えて専攻するのをやめた。数学者には内緒だがぼくも真空中は泳ぎたくない(水中でも泳げない)。

一九〇一年冬学期をミュンヘン大学で過ごし、次の学期にはベルリンに移ってプランクの熱力学と熱輻射の講義を聴いた。物理工学研究所のルマーはプリングスハイムとともに、量子論の端緒となるプランクの歴史的論文(一九〇〇年)の実験的基礎となった熱輻射の精密測定を行った物理学者だが、最新の実験器具を講義室に持ち込み干渉分光学を講義した。ラウエはルマーから格子や平行平面板による干渉を学んで、一九〇三年七月二十五日に論文「平面平行板における干渉現象の理論」によって数学の学位を得た。

ゲッティンゲンに戻ったラウエは教職試験を受けている。試験のために一夜漬けで鉱物学をかじったが、試験官の地質学者アードルフ・ケーネンは、ラウエの「隠しおおせない無知を前にして、笑い声がどんどん大きくなって、ついに面接をやめてしまった」。ラウエはこの無知が後に役立ったと言っている。一九〇五年にプランクの助手になった。プランクの下で考えた問題は、光線が反射屈折を起こしたとき、前後でエントロピーが増加し非可逆過程になってしまうというパラドクスである。コヒーレントな光線のエントロピーは単純な和にならず、反射屈折の前後で不変である、という解答を得たとき、興奮のあまり、グルーネヴァルトのプランク邸から動物園まで、なんのためにどうやってやってきたかわからなかったほどだった。

ベルン特許局

プランクがアインシュタインの特殊相対論の論文をコロキウムで報告するのを聴いたラウエは、当初は懐疑的だった。一九〇六年夏にアインシュタインに会うためベルンの特許局を訪れたときの様子を次のように回想している。「手紙で約束した通り、私は彼を知的財産のための〔特許〕局に訪ねました。一般応接室で係の人は、廊下を先に行けばそこでアインシュタインが私を迎えてくれるだろうと言いました。私はそうしてみましたが、私を迎えた若い人があまりにも予期し

X線干渉実験記念銘板

ミュンヘン大学物理教室

ない印象を与えたので、彼が相対論の父であるとは信じられませんでした。そのため私は彼の前を通り過ぎてしまい、彼が応接室から戻ってきたとき初めて私たちは知り合ったのです。私たちが話したことは断片的に覚えているだけです。ただ、彼がくれた葉巻にほとんど味がなかったので、アーレ橋の上からアーレ川に「うっかり」落したことを覚えています。」ラウエは翌一九〇七年に、一八一八年にフレネールが導いた「随伴係数」を相対論の速度加法則によって説明し、一九一一年にはレントゲン、トルートンとノーブルのパラドクス（運動するコンデンサーに回転力が働かない）を相対論によって説明した。同年出版された単行本『相対性原理』は史上初の特殊相対論の教科書である。

ラウエは一九〇六年十一月十日に教授資格を得た。当時の習慣に反して父も継母も家族の誰も試験講義に出席しなかったのでラウエは深く傷ついた。一九〇九年に私講師としてミュンヘン大学に赴任し、翌年マクダレーナと結婚している。ミュンヘン大学物理教室の中庭の壁に掲げられた記念銘板には「この旧実験室でマクス・フォン・ラウエの着想と提案の下に一九一二年初めにレントゲン線の波動性と結晶の格子構造がヴァルター・フリードリヒとパウル・クニピングによって証明された」と書かれている。一九一二年一月頃、ゾマーフェルトの学生パウル・エーヴァルトがラウエのアパートを訪ねてきた。結晶格子による光学について助言を求めるためだ。格子についてほとんど知識がなかったラウエは適切な助言はできなかったが、逆にエーヴァルトに、格子に短い波長の波を照射したとき何が起こるか、と聞き返した。当時X線の正体は未知で、粒子説と波動説が争っていた。原子が格子をつくっていて、X線が波動なら、光のように干渉を起こすはずではないか。

地下鉄オデオン広場駅から地上に出るとカフェがすぐ目に付く。かつての宮廷庭園ホーフガルテンにあるカフェは物理学者のたまり場で毎日昼食後物理の話題に花が咲いた。ラウエの着想に論争が巻き起こった。ヨッフェによるとカフェの談話会は論争者たちにチョコレート一箱をかけたとのことだ。レントゲンの下で学位を取りゾマーフェルトの助手をしていたヴァルター・フリードリヒが実験検証を申し出た。ラウエはゾマーフェルトの学生パウル・クニピングに助けを求めた。フリードリヒはゾマーフェルトを説得してクニピングがフリードリヒを助けることができるよう取りはからった。フリードリヒとクニピングの共同実験は三月に始まった。ラウエはこう書いている。「一片の硫酸銅を通過したX線の写真は、一次〔入射〕X線と並んで、格子による環状の回折スペクトルを示した。フ

カフェホーフガルテン

ジークフリート通り十

ビスマルク通り旧居

リードリヒがこの写真を見せてくれたすぐ後で私はレーオポルト通りを家に向かって歩きながら思索に耽っていた。ビスマルク通り二十二にある私のアパートから遠くないジークフリート通り十の家の前でこの現象の数学的説明がひらめいた。」フリードリヒ、クニピング、ラウエの三人は共著論文「レントゲン線による干渉現象」を発表した。X線が光と同じ電磁波であること、物質が原子構造を持つことが証明されたのだ。「ラウエ図形」はたちまち世界中に知れ渡った。

ラウエは一九一二年十月にチューリヒ大学助教授になった。アインシュタインも同じ年にＥＴＨ教授とし

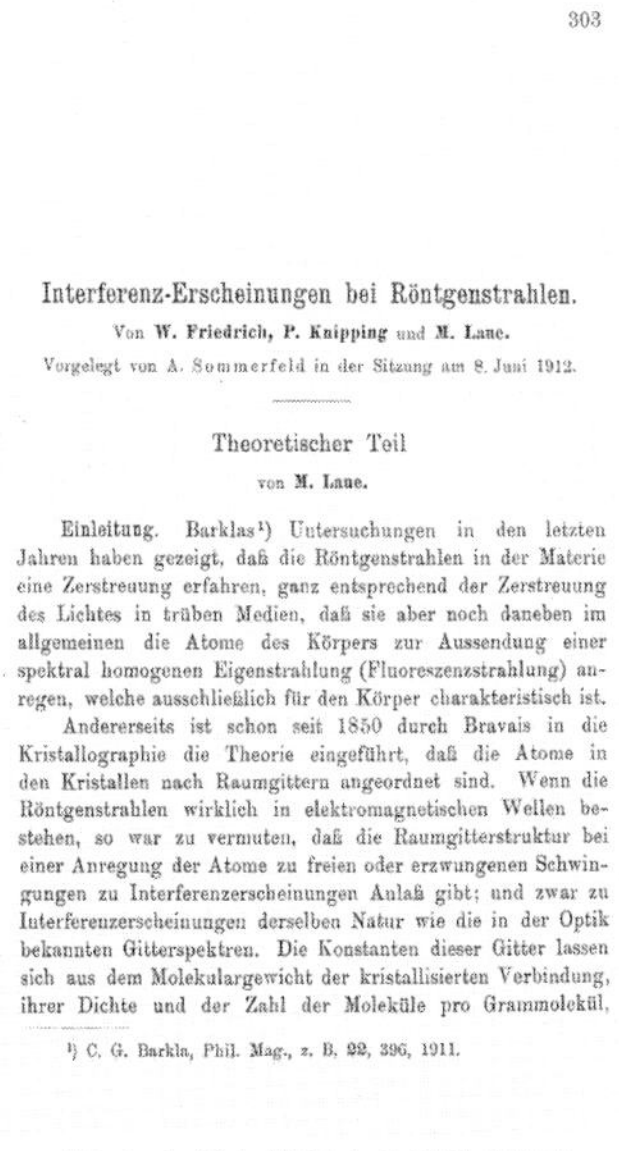

303

Interferenz-Erscheinungen bei Röntgenstrahlen.

Von **W. Friedrich, P. Knipping** und **M. Laue.**

Vorgelegt von A. Sommerfeld in der Sitzung am 8. Juni 1912.

Theoretischer Teil

von **M. Laue.**

Einleitung. Barklas[1]) Untersuchungen in den letzten Jahren haben gezeigt, daß die Röntgenstrahlen in der Materie eine Zerstreuung erfahren, ganz entsprechend der Zerstreuung des Lichtes in trüben Medien, daß sie aber noch daneben im allgemeinen die Atome des Körpers zur Aussendung einer spektral homogenen Eigenstrahlung (Fluoreszenzstrahlung) anregen, welche ausschließlich für den Körper charakteristisch ist.

Andererseits ist schon seit 1850 durch Bravais in die Kristallographie die Theorie eingeführt, daß die Atome in den Kristallen nach Raumgittern angeordnet sind. Wenn die Röntgenstrahlen wirklich in elektromagnetischen Wellen bestehen, so war zu vermuten, daß die Raumgitterstruktur bei einer Anregung der Atome zu freien oder erzwungenen Schwingungen zu Interferenzerscheinungen Anlaß gibt; und zwar zu Interferenzerscheinungen derselben Natur wie die in der Optik bekannten Gitterspektren. Die Konstanten dieser Gitter lassen sich aus dem Molekulargewicht der kristallisierten Verbindung, ihrer Dichte und der Zahl der Moleküle pro Grammolekül,

[1]) C. G. Barkla, Phil. Mag., z. B. 22, 396, 1911.

「レントゲン線による干渉現象」

アルベルティーネン通り旧居

てプラハからチューリヒに戻ってきたので二人は友情を深めた。ラウエはチューリヒで幸福ではなかった。後にマイトナーに「チューリヒにおけるひどい二年間」と言っているように、講義の嫌いなラウエには講義の負担が重かった。一九一四年にフランクフルト大学教授に着任したが、議論をする相手がいない。ラウエは話し方が下手で、黒板の字も汚いので講義を聴く学生は少なかった。ラウエはラウエのためにつくられたベルリンの助教授に着任していたボルンとフランクフルトの教授を交換するという思いがけない方法で一九一九年にベルリンに戻った。ヴァンゼーに向かう近郊線ツェーレンドルフ駅から十分ほど歩いた住宅街アルベルティーネン通りにラウエ旧居が残っている。

一九二〇年楽友協会ホールで反相対論の大会が行われたときラウエはネルンスト、ルーベンスと共著でアインシュタイン擁護の文を書いた。一九二二年にルーベンスが亡くなるとラウエがベルリン大学コロキウムの主宰者になった（ルーベンスの墓所は旧聖マタイ墓

ルーベンス墓所

地にある)。伝説的な「ラウエコロキウム」はベルリンの物理の中心になった。ラウエは一九二五年から物理工学研究所の顧問になっている。そこで低温部門主任ヴァルター・マイスナーが超伝導の研究をしていた。一九三二年にラウエは、超伝導状態を壊す磁場(臨界磁場)が金属の形状によって異なるのは、超伝導状態に磁場を作用させると、金属表面に誘導される超電流による磁場が加わるためであると説明した。翌年マイスナーとオクセンフェルトは磁場が超伝導体内部に侵入できないことを発見した。「マイスナー-オクセンフェルト効果」は超電流のつくる磁場が外部磁場を打ち消すために起こる現象で、超電流がラウエの着想である。

一九三三年一月三十日にヒトラーが政権を奪った。アインシュタインは三月二十八日に科学アカデミーに辞表を提出した。四月一日法律家エルンスト・ハイマンが独断で「アカデミーはアインシュタインの辞職を惜しむ理由はない」という声明を出した。ラウエは激怒し六日の会議で声明を撤回する動議を出したが誰一人賛成する会員はいない。七日にはユダヤ人を公職から追放する公務員法が公布された。五月一日にナチ物理学者シュタルクが物理工学研究所所長になった。九月十八日ヴュルツブルクで行われた物理学会でラウエは右手に白い手袋をして講演会場に現れた。けがでもしたのかと訊ねるマイスナーにラウエは「とんでもない。ここは握手をしたくない連中ばかりだからね」と耳打ちした。ラウエは講演でガリレイの異端審問にな

マクス・フォン・ラウエ

ぞらえて暗にアインシュタインを擁護しシュタルクを激怒させた。十二月十四日のアカデミーでラウエはシュタルクをアカデミー会員にする動議に反対し翌一九三四年一月十一日に動議を撤回させた。シュタルクはラウエに物理工学研究所顧問を辞めさせマイスナーを研究所から追い出した。物理化学研究所を追われたフリッツ・ハーバーが二十九日にバーゼルで亡くなった。ラウエは『自然科学』誌でハーバーをテミストクレスに比べて賞賛した。シュタルクが激怒したことは言うまでもない。

この年にアインシュタインはラウエに手紙を送った。「君の消息に接する度にどんなに君のことを喜んでいることか。いつも思い、わかっていたことですが、君は単なる優れた頭脳というだけでなくすごい男ですね。」ラウエは国内に残ってナチに妥協せず反抗したただ一人の物理学者だった。ナチ式の挨拶を避けるために大学ではいつも重い本を抱えていた。一九三六年にエーヴァルトがプリンストンのアインシュタイン邸を辞するときアインシュタインは「ラウエによろしく」と言った。エーヴァルトが他に挨拶を送る物理学者はいないかと訊くとアインシュタインは「ラウエによろしく」とくり返しただけだった。

ユダヤ人のアルノルト・ベルリナーは一九三五年に『自然科学』誌編集者の地位を追われ、目がほとんど見えなくなっていたが、ラウエはベルリナーをしばしば訪れて支援を続けた。ベルリナーは一九四二年強制収容所に連行される直前に七十九歳で自殺した。ラウエはユダヤ人墓地でのベルリナーの葬儀に出席している。ラウエは翌年定年一年前にベルリン大学を辞職した。一九四四年二月十五、十六日にはカイザー・ヴィルヘルム化学研究所が火の海になるのを目撃した。自宅も損傷したので物理学研究所が疎開していたヘヒンゲンに移った。カイザー・ヴィルヘルム物理学研究所は一九一七年にアインシュタインを所長として発足したが実際に建物（マクス・プランク物理学研究所）が建てられたのはアインシュタイン亡命後の一九三八年のことである。ラウエは一九二一年から物理学研究所副所長をしていた。気を紛らすために終戦まで執筆し

ブンゼン通り旧居

カイザー・ヴィルヘルム物理学研究所

た『物理学史』はベルリナーに捧げられた。ラウエは核開発に関わらなかったがハイゼンベルクたちとともに英国に抑留された。

ゲッティンゲンのブンゼン通りにある物理教室の向かいにラウエの銘板を付けた建物がある。ゲッティンゲンに疎開してきたカイザー・ヴィルヘルム協会の分館として使われていた。ラウエは一九四六年に帰国しゲッティンゲンに移った物理学研究所で副所長を務め、この建物に住んだ。一九五一年には再建された物理化学研究所、フリッツ・ハーバー研究所所長になった。

一九六〇年四月八日ラウエは自動車を運転してアーヴス自動車道路をヴァンゼーにあるハーン-マイトナー研究所に向かっていた。自動車はニーコラス湖出口の直前でオートバイと衝突して横転した。自動車の下敷きになったラウエはヴァンゼー災害病院に収容され二十四日に亡くなった。八〇歳だった。墓はゲッティンゲン市営墓地の一番奥にある。墓所はしばらく前にプランクとネルンストの墓のそばにラウエが購入していた。

ラウエ墓所

ゲーテが恋したマクセはイタリア出身の商人ピエートロ・アントーニオ・ブレンターノと結婚した（ベートーヴェンの不滅の恋人と言われるアントーニエはピエートロの最初の結婚で生まれた息子の妻だ）。ゲーテはブレンターノ家まで押しかけているからマクセの夫が怒るのは当然だ。マクセの息子クレメンスはエーレンブライトシュタイン生まれでドイツロマン主義の詩人になった。その甥にあたるのが哲学者フランツ、その息子が物理学者ヨハネス・クリスティアン・ミヒャエルである。ヨハネスは、ミュンヘンでラウエと同じ下宿に住み、一九一四年から一年間フランクフルトでラウエの助手になっている。ヨハネスは回想録の中で、ラウエは「特に古典音楽が好きで中でもベートーヴェンを愛していた」と書いている。二十一歳のベートーヴェンがエーレンブライトシュタインの母の生家を訪れたのは母が亡くなって五年後だった。ベートーヴェンの母の墓はボンの旧墓地にあり「やさしくて愛嬌のある母で、ぼくの最高の友だち」と刻まれている。

ベートーヴェンの母の墓所

レイデン遠望

ファン・デル・ワールス
Johannes Diderik van der Waals

オランジュ市紋章

南仏プロヴァンス地方にオランジュという小さな町がある。オランジュ駅の壁や市内に設置された花壇やゴミ箱にも、角笛と三個のオレンジの実をかたどったオランジュ市の紋章が取り付けてある。オランジュはローマ帝国の宿場町として栄えた。町を圧倒しているのは初代皇帝アウグストゥスの時代につくられた劇場で、保存状態がよく、巨大な壁面にある壁がんからアウグストゥス像が劇場を見下ろしている。

オランジュ公は長い歴史を持つ貴族で、オランジュ公レンボーは第一回十字軍に参加しエルサレム攻略に名をあげた。剣と角笛を持つレンボーの像が町の中心にある広場に立っている。オランジュ公の領地は一五四四年にナッサウ家のウィレム寡黙公が相続しオラニエ公を名乗るようになった。ナッサウ家はもとはドイツの領主だがブルゴーニュ公に仕え、オランダに領地を持っていた。オラニエ＝ナッサウ家の「オラニエ」はオランジュに起源がある。もっともルイ十四世は一六七三年にオランジュを略取し、ナッサウ家の華麗な

アウグストゥス像

ブルフト

宮殿を破壊してしまったから家名として残っているだけである。オラニエはオランダ語のオレンジだが、果物とは何の関係もなく、かつて流れていた川の名「アラウシオ」に由来している。アイルランドの三色旗でプロテスタントを表すオレンジ色もウィレム寡黙公に由来する。

ウィレム寡黙公はオランダ独立戦争の中心になった。「乞食たち」と蔑称されたオランダのカルヴァン教徒はスペインの圧政に激しい抵抗運動を続けた。一五七三年にはハールレムがスペイン軍に略奪され市民が虐殺された。翌一五七四年にはレイデンが百三十一日にわたって包囲された。城砦ブルフトに立てこもった市民は飢餓にあえいでいたが、市長ファン・デル・ウェルフは自らの体を飢えた市民に差し出した。市長の勇気に鼓舞されたレイデン市民は耐え抜いた。ウィレム寡黙公は堤防を決壊させて水攻めにし、水上を船でやってきた「海の乞食たち」がスペイン軍を襲った。ウィレム寡黙公がレイデンに報いようとしたところ市民はオランダ初の大学創立を望んだ。一五七五年のことである。

十七世紀はスピノザやレンブラントを生みだしたオランダの黄金時代になった。レイデンも学問の中心になった。数学教授ウィレブロルト・スネルは屈折の法則を発見した。独立に屈折の法則を発見したルネ・デカルトは『方法叙説』をレイデンで出版した。植物学・医学教授ヘルマン・ブールハーフェのもとへヨーロッパ中から学生がやってきた。マクスウェルの曾々祖父ジョン・クラークもその一人だ。数学教授ピーター・ファン・ミュセンブルクは最初の蓄電器を発明した。


レイデン駅から南に歩いていくと美しい運河ラーペンブルフ沿いにフィーリプ・フランツ・フォン・ジーボルトの家がある。ウィレム寡黙公の親友パウルス・バウスが住んでいた家だが後にジーボルトが買い取り日本からの珍しい収集品を公開展示していた。その左隣は一六四〇―四一年にデカルトが住んでいた家だ。レイデン大学のアカデミーへボウを越えてさらにラーペンブルフを歩いていくと運河から離れるカイザー通りになる。ファン・デル・ワールスやローレンツが教えを受けた天文学教授フレデリク・カイザーの名を取っている。そのまま運河沿いを行くとファン・デル・ウェルフ公園にファン・デル・ウェルフの銅像がある。台座にはレイデン解放を描いたレリーフが刻まれている。運河を隔ててその前にあるカマーリング・オーネスへボウがかつて物理教室があった建物だ。

城砦ブルフトは古ラインと新ラインが交わる場所にある。レイデンの中央にあり、廃墟の壁を一周すると

ジーボルトの家

ファン・デル・ウェルフ銅像

レイデン全体を眺望することができる。北の方向に八面を持つ変わった形のマーレ教会がある。その近くの狭い静かな通りヤンフォセンステーフにヨハネス・ディーデリク・ファン・デル・ワールスの生家がある。生まれたのは一八三七年十一月二十三日である。父は貧しい大工でファン・デル・ワールスは小学校と高等小学校の教育を受けただけである。十四、五歳のとき労働者階級の子供のための夜間学校で「教生」になった。教師の補助をする生徒である。ファン・デル・ワールスは十八歳のときから、実に十七年間にわたって、さまざまな試験を受け続けて学位への関門を突破することになる。一八五六年にドイツ語、フランス語、算数と理科の能力検定試験を受け、小学校の助手となり、一八六〇年には小学校で数学を教える資格、翌年には小学校校長になる資格を得た。小学校教師をしながら一八六二年にレイデン大学の聴講生になった。学資がない上に古典語の知識がなくては正規の学生になれなかった。ファン・デル・ワールスはローレンツと同じ

ヤンフォセンステーフ生家

レイデン大学

ようにカイザーの講義に引きつけられた。また物理学教授ピーター・レイケは数学志向だったファン・デル・ワールスに実験の重要性を教えてくれた。

オランダ憲政史上もっとも重要な政治家ヨハン・ルドルフ・トールベッケのリベラルな政策がオランダの教育を再生し、ファン・デル・ワールスの人生に決定的な影響を与えた。オランダは一八一三年に王国になりオラニエ＝ナッサウ家が世襲の王室になった。レイデン大学教授トールベッケは一八四八年に王権を制限する民主的な憲法を二代目国王ウィレム二世に制定させた。翌年首相になったトールベッケは初等教育の改革などを断行した。一八五三年に保守派によって辞職させられたが一八六二年に再び首相になると中等教育の大改革を行った。なかでも高等市民学校の設立が重要である。高等市民学校は、五年制で、物理、数学に重点が置かれ、宗教の時間がなく、ラテン語を学ぶ必要がないという点でドイツの実科ギムナジウムとは異なっていた。高等市民学校の教師になるためには大学卒業資格が必要だが、試験を受けて資格を得る途も残されていた。

ファン・デル・ワールスは一八六四年に難関の試験に合格し高等市民学校数学教師の資格を得た。デーフェンターに創設された高等市民学校で数学教師として採用が確実だとレイケが知らせてきた。だがレイケは勘違いして高等市民学校には物理教師を送る、と知らせていたから高等市民学校は数学教師を雇った後だった。こんなことでくじけるファン・デル・ワールスではない。一年間の猛勉強で再び受験し物理教師の資格を得た。試験官の一人カイザーが「彼〔ファン・デル・ワールス〕は私には人間能力を超えているとしか思えないなにかを成し遂げた」と言っている。六日後に十八歳の帽子屋の娘アナ・マフダレーナ・スミットと結婚した。ファン・デル・ワールスは一八六五年十月二十四日にデーフェンター高等市民学校に着任したが翌年にはデン・ハーフ高等市民学校に転任した。

デン・ハーフとレイデンは隣町で、鉄道でわずか十分の距離である。ファン・デル・ワールスは任務の合間にレイデン大学で講義を聴いた。ラテン語やギリシャ語を知らないファン・デル・ワールスには学問の世界へのドアは閉ざされていた。だがまたもやトールベッケがそのドアを開いてくれた。一八七一年一月に三度目の内閣を組織したトールベッケは高等教育における規制を緩和し、古典語の障壁をなくした。ファン・デル・ワールスは三月にラテン語とギリシャ語の試験なしで、物理と数学の博士志願試験に合格した。十二月に博士試験に合格し、二年後に学位論文を提出して

ヨハネス・ディーデリク・ファン・デル・ワールス

十七年間にわたる試験との闘いを終えた。

　ファン・デル・ワールスの処女論文「気体および液体状態の連続性について」は一八七三年六月十四日に学位請求論文として審査された。ファン・デル・ワールスはノーベル賞講演で「この私のライフワークへの最初の動機は、大学での勉強の後で、私たちが熱と呼ぶ運動の性質についてのクラウジウスの論文を読んだときにやってきました」と言っている。クラウジウスは一八五七年に発表した論文の中で「液体をまとめている分子間引力は、気体中で分子が互いに衝突するほど十分近づいたときにだけ作用する同じ相互斥力だった」と述べているのだ。「私の全研究で分子が本当に存在することにきわめて強い確信を持っていたこと、分子を私の想像の産物、単なる力の中心の効果とは決してみなさなかったことは完全に明らかでしょう」と言っている。

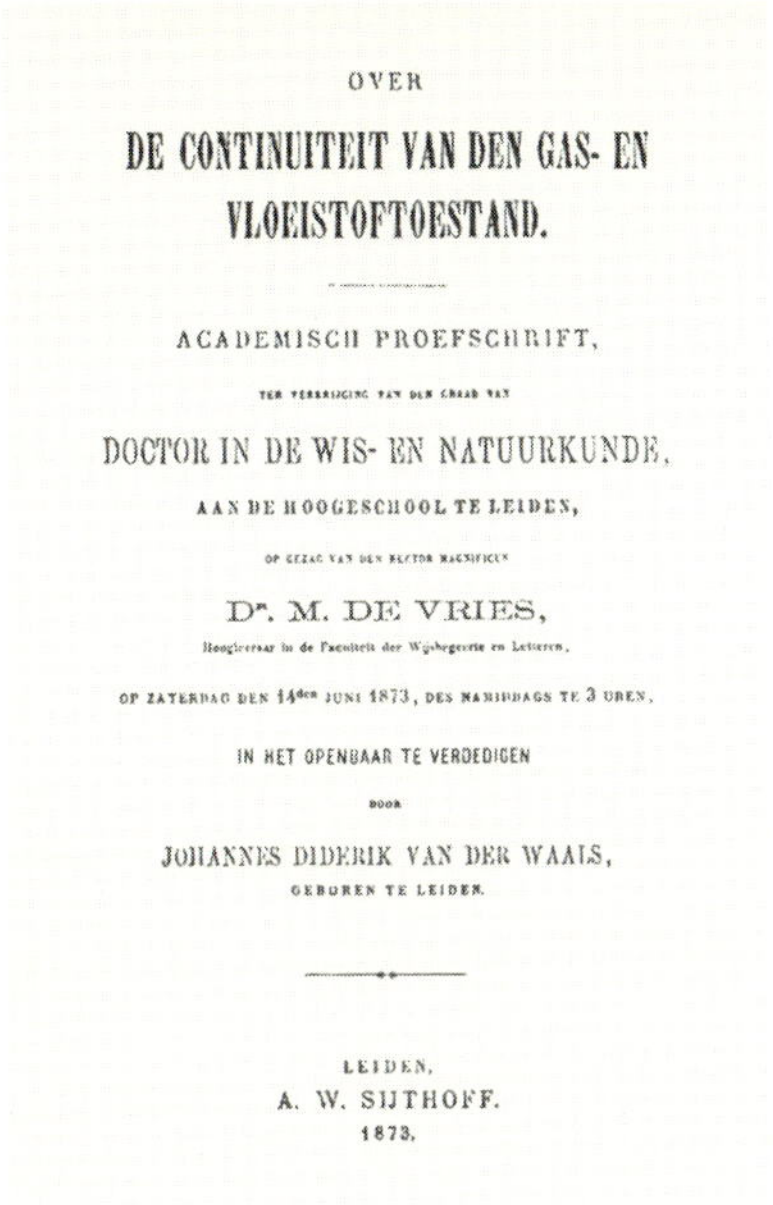
OVER

DE CONTINUITEIT VAN DEN GAS- EN VLOEISTOFTOESTAND.

ACADEMISCH PROEFSCHRIFT,

TER VERKRIJGING VAN DEN GRAAD VAN

DOCTOR IN DE WIS- EN NATUURKUNDE,

AAN DE HOOGESCHOOL TE LEIDEN,

OP GEZAG VAN DEN RECTOR MAGNIFICUS

Dr. M. DE VRIES,

Hoogleeraar in de Faculteit der Wijsbegeerte en Letteren,

OP ZATERDAG DEN 14den JUNI 1873, DES NAMIDDAGS TE 3 UREN,

IN HET OPENBAAR TE VERDEDIGEN

DOOR

JOHANNES DIDERIK VAN DER WAALS,

GEBOREN TE LEIDEN.

LEIDEN,
A. W. SIJTHOFF.
1873.

「気体および液体状態の連続性について」


　ファン・デル・ワールスは分子の実在を誰よりも強く確信していた。この確信の下に、理想気体の状態方程式（圧力と体積の積は温度に比例する）に二つの変更を加えた。一つは分子間の引力から生じる補正項で、体積の二乗に反比例する項を圧力に加えた。もう一つは分子が大きさを持つために分子が占める空間が容器の体積よりも小さくなることによる補正項である。この二つの変更によって、理想気体の状態方程式は、わずか二つの補助変数を導入しただけで、希薄な気体から液体まで連続的に記述できる状態方程式になった。

　ファン・デル・ワールスはアンリ・ヴィクトル・ルニョーの実験結果と比較して二つの補助変数を決めた。

さらに一八六九年に発表されたトマス・アンドルーズの等温曲線から補助変数を読み取り、両者がよく一致することを示した。アンドルーズの論文は初めて気体と液体が連続的に変化することを示したものでマクスウェルが一八七一年に『熱の理論』の中でアンドルーズの結果を図示している。ファン・デル・ワールスは学位論文にマクスウェルの図を引用した。マクスウェルの図には横に寝たS字形の曲線が描かれている。ジェイムズ・トムソン（ケルヴィン卿の弟）がアンドルーズの等温曲線の気体側と液体側からそれらをなめらかにつなぐように引いた曲線だが、ファン・デル・ワールスはこの曲線が自分の状態方程式の曲線にほかならないことに気づいた。そしてS字形が消える臨界温度（それ以下では気体と液体が共存することが可能だがそれ以上では一つの状態だけが許される）を計算した。臨界温度の理論値は実験値にきわめて近かった。

マクスウェルは一八七四年に『自然』誌でファン・デル・ワールスの論文を論評し「ファン・デル・ワールス氏はこの困難な研究にあたって科学の現状におけるその重要性を理解していることを示した。彼の研究の多くはきわめて独創的で明確な方法で行われた。そして彼は新しい示唆的な着想を次々に投げ与えた。それゆえ分子科学において彼の名が間もなく先頭の中にあることは疑いない。……この方程式による計算とルニョーとアンドルーズの測定値を比較することによってファン・デル・ワールス氏が得た結果はきわめて印象的で、この方程式が真の状態を表しているのだとほとんど確信してしまうほどだ」と賞賛したが、理論的な導出方法には疑問を呈している。マクスウェルは一八七五年に『自然』誌で「マクスウェルの等面積則（S字形に線を引いてつくる二つのD字形は等面積になる）」を発表した。その中で「気体および液体状態の連続性に関する分子理論がレイデンの卒業生ヨハネス・ディーデリク・ファン・デル・ワールス氏の非常に巧妙な論文の主題である。数学的な間違いに陥ったと思われるいくつかの点があり、彼の最終結果が実際の分子の相互作用を完全に表すものではないが、この困難な問題に対する彼の攻撃は分子科学に著しい衝撃を与えずにはおかないほど有効で果敢なものである。それは研究者の何人かをこの論文が書かれたオランダ語の勉強に向けさせた」と述べている。「レイデンの卒業生」は間違いだが。

ファン・デル・ワールスは一八七五年五月にアムステルダム王立科学アカデミー会員に選出された。だが学位論文に対する反応はなくマクスウェルの賞賛も慰めにならなかった。物理に対する興味を失いかけていたときクラウジウスの論文が出た。ファン・デル・ワールスの論文を知らずに分子の熱運動に対して有効な体積を計算した論文である。ファン・デル・ワールスはクラウジウスの誤りを正す論文を書いた。ブレダ高等市民学校数学教師ディーデリク・ヨハネス・コルテウェフはより厳密な方法でファン・デル・ワールスの結果を再現した。ファン・デル・ワールスは再び物理への興味をかき立てられた。一八七七年にヴィーデマンによって抄録雑誌『物理学年報付録』が創刊されファン・デル・ワールスの学位論文が紹介された。こうしてようやくファン・デル・ワールスの名が知られるようになった。その年五月にファン・デル・ワールスは高等市民学校校長に昇格したが在任期間はわずかだった。

一八七六年に高等教育に関する新法案が可決された。レイデンに理論物理学講座を新設、アムステルダムに、レイデン、フローニンゲン、ユトレヒトに次いで、オランダ四番目の大学を新設することが決まった。一八七七年十月にアテナエウム・イリュストルを改組したアムステルダム市立大学が創立され、ファン・デル・

アテナエウム・イリュストル

アムステルダム大学

ワールスが物理学教授に任命された（ローレンツはレイデン大学理論物理学教授に着任した）。一八八一年にはコルテウェフが数学教授として同僚になった。コルテウェフの名はコルテウェフ-デ・フリース方程式（KdV方程式）およびコルテウェフ力（物質中の体積力）に残っている。

アムステルダム大学本部は一八八〇年からはもとの救貧院アウデマネンハイス（老人の家）にある。ファン・デル・ワールスはこの年に初めて研究室を得た。アウデマネンハイスの中の一室で、講義も学生実験も研究もその部屋で行った。殺人的に多忙だった一八八〇年に「対応状態の原理」を発見している。圧力、体積、温度を臨界温度での各量で割った換算変数を定義すると、ファン・デル・ワールス方程式は物質によらない普遍方程式になる。したがって「対応状態」（二つの換算変数が同じ状態）では物質の熱力学的性質はまったく同じである。一八八二年に新しい研究室ができた。アムステルダム中央駅からトラム九番に乗って世界最古の植物園ホルトゥス・ボタニクスで下り、運

ファン・デル・ワールス研究室

河にかかる橋を渡ると現在の物理教室になる。橋を渡る前の運河沿いの建物にファン・デル・ワールスの研究室があった。

一八九二年にレイデン大学から招聘されたが断った。ファン・デル・ワールスは一度決めたことは忠実に守り、より有利な地位を求めることはなかった。一九〇八年七十歳で定年退職したころ友人のカマーリング・オーネスがヘリウム液化に成功した。カマーリング・オーネスは「実験をする上でファン・デル・ワールスの研究がいつも魔法の杖とみなされていましたし、レイデンの極低温実験室は彼の理論の影響の下に発展したのです」と言っている。二年後にファン・デル・ワールスがノーベル賞受賞の知らせを受け取ったときボルツマンを悩ませたエネルギー論者たちの反原子論は跡形もなくなっていた。

アムステルダムのフォンデル公園の近くにP・C・ホーフト通りがある。フォンデルもホーフトもオランダの黄金時代に活躍した文学者の名を取っている。P・C・ホーフト通りの東端、フォンデル公園の入口

P・C・ホーフト通り旧居

近くにファン・デル・ワールスが亡くなるまで住んだ家がある。テラスハウス式の集合住宅でP・C・ホーフト通りからは入口が一つしかない。裏通りで住人に確かめてみたが、改装で昔の面影はわずかにしか残っていないようだ。

一八八一年十二月二十八日に妻が三十四歳の若さで亡くなった。ファン・デル・ワールスは生涯妻を失った悲しみから抜け出せなかった。優れた詩人として父より有名になった娘のジャクリーヌが一九二二年四月二十九日に五十三歳で亡くなった。ファン・デル・ワールスは娘の死から一年もたたない一九二三年三月八日に亡くなった。八十五歳だった。トラム九番で広大な新東墓地を訪ねたが、ファン・デル・ワールスの墓がなかなか見つからない。あきらめて、ほとんど読めなくなった墓石の前に立っていたら、突然雲間から日の光がさした。その瞬間ファン・デル・ワールスの名がくっきりと浮かび上がった。ファン・デル・ワールスと妻と娘の名が並んでいた。

ファン・デル・ワールス墓所

ヴァレンシュタイン祝祭

ライプニッツ

Gottfried Wilhelm Leibniz

グスターヴ・アドルフ記念碑

ライプツィヒ駅からトラム十番で終点のヴァーレンに行き、バスに二十分も乗るとブライテンフェルトに出るはずだった。だがいつまでたっても目的地に着かない。あわてて運転手に訊いたら、この時間のバスはブライテンフェルトに寄らないが、終点から歩けば古戦場に行けるよ、と教えてくれた。ほかに乗客がいないバスは途中で乗せる客もなく終点まですっ飛んでいった。野原の中の小径をたどると「ブライテンフェルト古戦場」の標識があり、さらに歩いていくと、木立の中に記念碑があった。四面に「キリスト教徒にして勇士グスターヴ・アドルフは一六三一年九月七日ブライテンフェルトで信仰の自由を救った」と刻まれている。

ライプツィヒは三十年戦争で主戦場の一つになった。プロテスタント軍を率いたスウェーデン王グスターヴ・アドルフは、ブライテンフェルトでティリー率いる皇帝軍を大敗させ、形勢を逆転させた。翌年リュッエンでヴァレンシュタインを敗北させたが、自らは銃弾を受けて戦死した。ライプツィヒは一六三一年から

ニコライ教会

一六四二年の間に五回占領され、一六四二年から一六五〇年まではスウェーデン軍が占領していた。ゴトフリート・ヴィルヘルム・ライプニッツが生まれたのは三十年戦争がようやく終わろうとする頃である。一六四六年七月一日に生まれたライプニッツは自宅近くのニコライ教会で受洗した。リター通りにあった生家は一八九一年に取り壊されたが同じ場所に再建された現在の大学の建物「ローテスコレーク」はその面影を残している。父はライプツィヒ大学で倫理学教授だった。

日本では「ライプニッツ」と表記する著者がほとんどだが、ドイツ人の友人に「そんなドイツ語の発音はあり得ないよ」と一笑に付されてしまった。

　ライプニッツは一六五二年に父を失っている。翌年からニコライ教会に隣接するニコライ学校に通った(現在建物はレストランが使っている)。八歳の頃から父の図書室でラテン語の本を読み始めた。一六六一年四月にはライプツィヒ大学で勉強を始めた。ライプツィヒ駅から西にしばらく歩いた場所に広大な公園ロー

ローテスコレーク

ニコライ学校

ゼンタールがある。ライプニッツは後に次のように書いている。「十五歳のときローゼンタールというライプツィヒ郊外の木立の中を散歩しながら、実体的形相〔スコラ哲学の用語〕を残すかどうかを熟慮したことを思い出します。結局は機械論が勝ちを得て、私を数学に向かわせたのです。」一六六三年に最初の論文『個体化の原理についての形而上学的論議』によって学士号を得た。その年の夏学期をイェーナ大学で過ごしたが冬学期にはライプツィヒ大学で法律の勉強を始めた。独創的な学位論文「結合に関する算術的論議」を書いたが大学は二十歳のライプニッツに博士号を与えなかった。ライプニッツはアルトドルフ大学で学位を得た。

　ニュルンベルクから鉄道で東に三十分行くと小さな町アルトドルフに着く。太陽が照りつける暑い夏のある日、アルトドルフの市門に着いたとき驚いた。中世の兵士が二人、片手にぶっそうな槍を持ち、人を呼びとめては、どら声で「ツォルル！」と迫っている。税金

ローゼンタール

「ツォル！」

を払わないと門の中に入れてくれないのだ。おそるおそる「どうしても払わないといけないの?」と訊いてみると、にこりとしてそのまま門の中に入れてくれた。

　中に入ってまた驚いた。町中で男も女も子供も中世の服装で大にぎわいだ。道ばたでヴァイオリンを弾く女性がいる。火に大鍋をかけてシュペツレ（ドイツのうどん）をこねまわす女性は、この暑さと熱にもかかわらず、声をかけると笑顔で応えてくれる。昼飯の野菜スープは最高だった。兵士の扮装をした男たちがこん棒を持ってのっしのっしと歩くと地面が揺れる、ような気がする。さすがはどう猛な?ゲルマン民族である。がつんとやられたらひとたまりもない。ぼくは戦争絶対反対だ。

　アルトドルフは一八九四年以来三年ごとにヴァレンシュタイン祝祭を開催している。シラーの『ヴァレンシュタイン』の公演があり、最後に祭りになる。ちょうどその最終日だった。ヴァレンシュタインはケプラーの最後の後援者で、三十年戦争のとき皇帝側についた傭兵隊長である。傭兵隊長というのは自己資金で兵士を集め、金がないのに戦争をしたがる支配者に売り込み、戦争によって利益を得る戦争請負人である。ヴァレンシュタインは軍税を取り立てることによって見返りを得た。ぼくのように「払わないといけないの?」などと言おうものなら、がつんである。

　ヴァレンシュタインは十五歳のときアルトドルフのアカデミーに入学したが無軌道な不良生徒だった。シラーは部下の兵士にこう言わせている。「さうだ、あの人は小さく始めて今はあんなに大きくなつてゐるの

ヴァレンシュタイン旧居

だ。アルトドルフ市で学生服を着てた頃は、さう言つちや悪いが、少々放埒な乱暴なことを行られた、も少しで学僕を撲殺すところだつた。それでニュールンベルクの議員達が容赦なく牢にぶち込まうとした、丁度それが建つたばかりの小舎で、最初の収監者の名でそれの命名をする筈だつた。処で奴さんどうしたかてえと、利口に犬を先に追込んだものだ。それで今日の日までその牢は犬の名で呼ばれてゐるのだ。これは立派な男なら見習ふことだ。わつちはあのお方の大事業の全てのなかでこの一幕が特別に気に入つちやつたんだ」（鼓常良訳、岩波文庫）。

マルクト広場で「ヴァレンシュタインは一五九九年から一六〇〇年までここに住んだ」と書かれた銘板が窓の下の壁に埋め込まれた家を見つけた。ヴァレンシュタインは一六〇〇年一月十四日に激しくむち打った下僕をこの窓からマルクト広場に転落させてしまったのだ。アルトドルフのアカデミーを大学に昇格させたのが皇帝フェルディナント二世で三十年戦争さなかの一六二三年のことである（大学は一八〇九年に閉鎖されたが旧校舎は現存する）。この皇帝は三十年戦争前半でカトリック側の勝利を得た反宗教改革の闘士である（シュタイアマルク大公時代にケプラーをグラーツから追い出した男だ）。一六三一年五月にマクデブルクを壊滅させたティリーの皇帝軍は、ブライテンフェルトの敗北後、十一月にアルトドルフの町と大学を占領し略奪と暴行で脅迫した。翌年四月にティリーが亡くなるとフェルディナント二世はヴァレンシュタインを総司令官に再任した。六月には学長が医師としてヴ

ヴァレンシュタイン最後の家

ァレンシュタイン軍に連れ去られた。学長が解放されたのはヴァレンシュタインがリュッツェンで敗北したときである。フェルディナント二世は一六三四年にヴァレンシュタインを暗殺してしまった。シラーの『ヴァレンシュタイン』はヴァレンシュタイン最後の三日間を描いている。エーガー（現在チェコ領ヘプ）にはヴァレンシュタインが暗殺された家が残っている。

ライプニッツは一六六六年十月四日にアルトドルフ大学に移り、翌年二月二十二日に論文『矛盾する法律事例について』によって法学博士になったが、教授職を辞退し、「ぼくの心はもっと違う方向に動いている」と言ってアルトドルフを去っていった。旅に出たライプニッツはヨーハン・クリスティアン・フォン・ボイネブルクに出会った。ボイネブルクが亡くなる一六七二年まで秘書、助手、司書、顧問となる。マインツ選帝侯に仕えることになったライプニッツは一六七二年三月末に選帝侯の使節としてパリに赴き一六七六年まで滞在した。一六七三年一月から二月にかけて英国へ

旧アルトドルフ大学

の使節団に同行し、四則演算ができる計算器試作器を王立協会で見せた。同年四月十九日に王立協会会員に選ばれている。

ライブニッツは一六七二年秋にパリ科学アカデミー会員として活躍していたハイヘンスを訪問し、以後ハイヘンスに師事した。ライブニッツは一六七五年までに微積分を発見していた。一六七五年十月二十九日の手記に初めて積分記号∫と微分記号dが現れ、∫とdが逆関係にあることが記されている。「すなわち記号∫が次元を増やすようにdはそれを減らす。記号∫は和を、dは差を意味する」と書いている。ただしこの手記ではdは分母に書いていた。ライブニッツは、パスカルが歯痛を紛らわすためにサイクロイドの研究をしているときに書いた論文（デトンヴィル書簡）にヒントを得た。パスカルは、円の面積を求めるために、円上のある点で dx、dy、接線がつくる直角三角形が、その点から下ろした垂線、x軸、半径がつくる直角三角形と相似であることを使っていた。ライブニッツは、半径を法線に置きかえれば、パスカルの方法を任意の曲線に適用できることに気づいた。

ライブニッツは一六六九年以来ハノーファーのブラウンシュヴァイク=リューネブルク公ヨーハン・フリードリヒから顧問官に就任するよう要請されていた。一六七六年十月四日にパリを発ち、ロンドンに立ち寄って、デン・ハーフにスピノザを訪問し、十二月半ばにハノーファーに着いた。ライネ河畔にある宮殿ライネシュロスの中にライブニッツが司書をし居住した図書館があった。

ライネシュロス

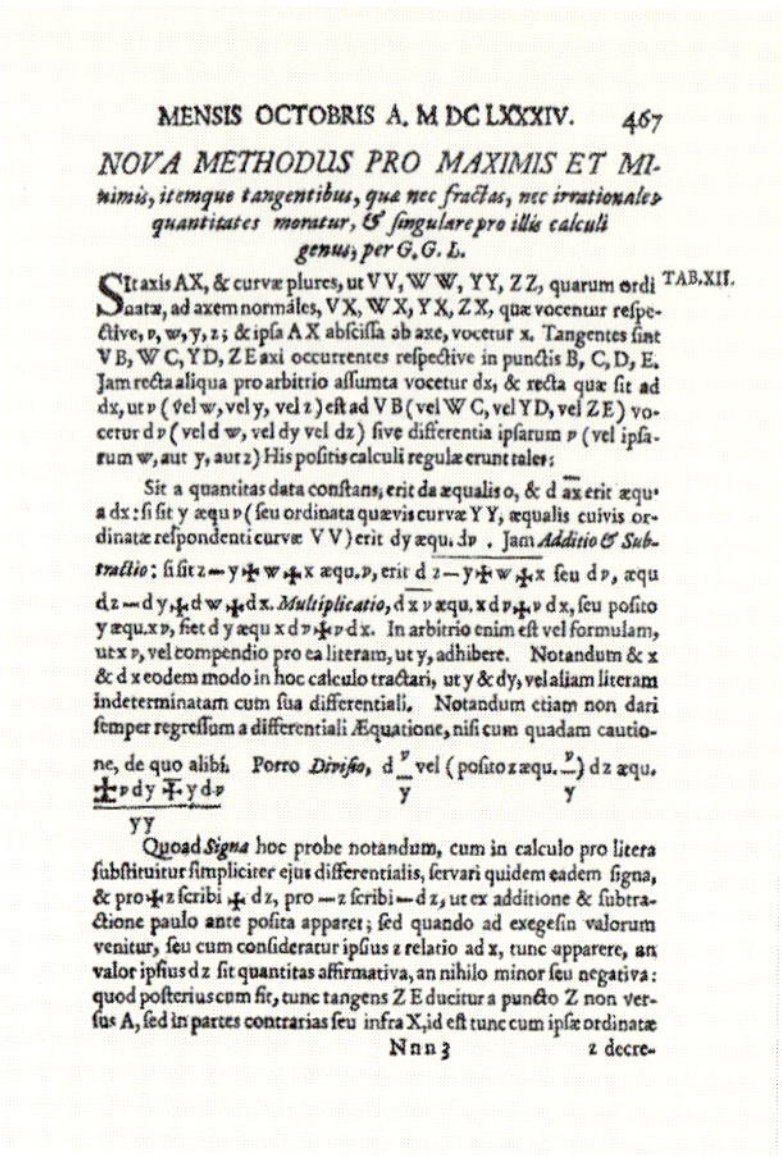
MENSIS OCTOBRIS A. M DC LXXXIV. 467

NOVA METHODUS PRO MAXIMIS ET MI-nimis, itemque tangentibus, quæ nec fractas, nec irrationales quantitates moratur, & singulare pro illis calculi genus, per G. G. L.

TAB. XII.

SIt axis AX, & curvæ plures, ut VV, WW, YY, ZZ, quarum ordinatæ, ad axem normales, VX, WX, YX, ZX, quæ vocentur respective, v, w, y, z; & ipsa AX abscissa ab axe, vocetur x. Tangentes sint VB, WC, YD, ZE axi occurrentes respective in punctis B, C, D, E. Jam recta aliqua pro arbitrio assumta vocetur dx, & recta quæ sit ad dx, ut v (vel w, vel y, vel z) est ad VB (vel WC, vel YD, vel ZE) vocetur dv (vel dw, vel dy vel dz) sive differentia ipsarum v (vel ipsarum w, aut y, aut z) His positis calculi regulæ erunt tales:

Sit a quantitas data constans, erit da æqualis o, & d $\overline{ax}$ erit æqu. a dx: si sit y æqu v (seu ordinata quævis curvæ YY, æqualis cuivis ordinatæ respondenti curvæ VV) erit dy æqu. dv. Jam *Additio & Subtractio*: si sit z − y ± w ± x æqu. v, erit d $\overline{z - y \pm w \pm x}$ seu dv, æqu dz − dy ± dw ± dx. *Multiplicatio*, d $\overline{xv}$ æqu. x dv ± v dx, seu posito y æqu. xv, fiet dy æqu x dv ± v dx. In arbitrio enim est vel formulam, ut xv, vel compendio pro ea literam, ut y, adhibere. Notandum & x & dx eodem modo in hoc calculo tractari, ut y & dy, vel aliam literam indeterminatam cum sua differentiali. Notandum etiam non dari semper regressum a differentiali Æquatione, nisi cum quadam cautione, de quo alibi. Porro *Divisio*, d $\frac{v}{y}$ vel (posito z æqu. $\frac{v}{y}$) dz æqu. $\frac{\pm v\,dy \mp y\,dv}{yy}$

Quoad *Signa* hoc probe notandum, cum in calculo pro litera substituitur simpliciter ejus differentialis, servari quidem eadem signa, & pro ± z scribi ± dz, pro − z scribi − dz, ut ex additione & subtractione paulo ante posita apparet; sed quando ad exegesin valorum venitur, seu cum consideratur ipsius z relatio ad x, tunc apparere, an valor ipsius dz sit quantitas affirmativa, an nihilo minor seu negativa: quod posterius cum fit, tunc tangens ZE ducitur a puncto Z non versus A, sed in partes contrarias seu infra X, id est tunc cum ipsæ ordinatæ

Nnn 3 z decre-

「極大および極小に対する新しい方法」

ライブニッツは一六七八年六月には行列式を発見した手稿を書いている。翌年には二進法を考えついた。一六八二年にオットー・メンケが学術誌『ライプツィヒ学報』を創刊するとライブニッツは常連の執筆者になった。一六八四年十月同誌に微積分の最初の論文「分数式にも無理式にも妨げられない極大および極小、接線に対する新しい方法、およびそれらに対する注目すべき計算法」を発表した。一六八六年七月には微積分の第二論文「深奥な幾何学ならびに不可分者と無限の解析について」(馬場郁、原亨吉訳『ライプニッツ著作集』第二巻、工作舎)を発表した。その中で「同じ発見に独力で到達したのみならず、ある普遍的な方法で完成したのが、まことに深い才能を持つ幾何学者、アイザック・ニュートンである。もし彼が、今なお隠していると私が理解する知見の数々を公けにしたならば、疑いもなく、私たちに対して学問の大きな進歩と単純化をもたらしてくれるであろう」と書いている。

ニュートンは一六六五—六六年に微積分を発見していた。一六六九年には「無限級数の方程式による解析について」、一六七〇—七一年には「流率法と無限級数」を原稿にしていたが出版しなかった。一六七二年に発表した論文「光と色に関する新理論」でフックから受けた批判に懲りたニュートンは数学の論文の公表もやめてしまった。ニュートンは自分の発見を明らかにすることをかたくなに拒否した。流率法を使うのにこれ以上はない『プリンキピア』(一六八七年)さえ旧式の幾何学的方法で書いた。微積分を『光学』の補遺「曲線の求積について」として初めて公表したのはケンブリッジ大学を退職し造幣局長官になっていた一七〇四年のことである。ライブニッツの論文が公刊されてから二十年が経過していた。

一七一一年に史上悪名高い大戦争が勃発した。一七〇八年にジョン・キール（蘭学者志筑忠雄はキールの『物理学天文学入門』を『暦象新書』として邦訳）がライブニッツを剽窃者呼ばわりしたことをきっかけとして微積分の先取権争いが起こったのだ。ニュートンは王立協会会長の地位を利用してライブニッツを攻撃し、ライブニッツ没後も死者をむち打つ行為をしている。『プリンキピア』を読んだライブニッツは、一六八九年二月に発表した論文「天体運動の原因についての試論」で、微分法を用いて、動径方向の運動方程式に対する史上初めてとなる「微分方程式」を与え、「重力の作用は動径の二乗に反比例する」ことを導いている。だがニュートンはこの優れた論文も剽窃だ、と決めつけた。先取権を主張したいなら秘密主義をやめて発表しろ、と言いたくもなるが、肝心の「流率法と無限級数」が公刊されたのはニュートン没後の一七三六年である。ドイツの人口の三分の一の命を奪った三十年戦争に比べれば学者のけんかはコップの中の嵐だが、ニュートンの傲慢のために英国の数学が一世紀にわたって停滞したのは事実だ。

ライブニッツが『形而上学叙説』を出版した一六八六年三月の論文「自然法則に関するデカルトおよび他の学者たちの顕著な誤謬についての簡潔な証明――この自然法則に基づいて彼らは同一の運動量が常に保存されると主張するとともに、この法則を機械学的な事

ゴトフリート・ヴィルヘルム・ライブニッツ

柄において乱用している」（横山雅彦訳『ライプニッツ著作集』第三巻、工作舎）を『ライプツィヒ学報』に発表した。この論文でデカルトの運動量（質量と速さの積）保存則を批判し、活力（質量と速度の二乗の積）保存則を提唱した。「力がそれの産出しうる効果の量によって、例えばその力が所与の大きさと種類の重い物体を持ちあげうる高さによって算定されるべきであって、その力が物体に移し籠めうる速度によっては算定されるべきではないということが明らかである」と書いている。注には「力能の尺度は、力能が同一であり続けるならば、時間もその他の諸状況も変えることのできないその効果なのである。したがって二つの相等しい物体の力能が速度にではなく、速度の原因もしくは効果に比例する、言い換えれば速度を産み出すもしくは産み出しうる高さに、つまり速度の二乗に比例するということはなんら不思議ではない。したがってまた二つの物体が衝突する場合、衝突後に同一の運動量あるいはインペトゥスの量が保存されるのではなく、同一の性能の量が保存されるということになるのである」と書き加えた。「活力論争」は十九世紀にエネルギー保存則の確立によって終わる。「活力」にエネルギーという名を与えたのはヤングだ。

ライネシュロスからライネ川沿いに北東に歩いていくと、一直線でも端が見通せない並木道へレンホイザーアレーに出る。この並木道を突き当たったところに堀で囲まれた広大なバロック庭園グローサーガルテンがある。ライプニッツを招いたヨーハン・フリードリヒ公がハノーファー郊外に建てた離宮へレンハウゼンが大庭園の入口にあったが、第二次大戦で破壊された。一六七九年にヨーハン・フリードリヒ公が亡くなると弟のエルンスト・アウグストが跡を継いだ。その夫人がライプニッツの庇護者、賛美者、話し相手でもあったゾフィーである。大庭園はゾフィーが丹誠を込めたものだ。ライプニッツは毎日のように庭園でゾフィーの散歩のお供をした。案内所で「大噴水は十二時までだから急いで」と急かされたが、ライネ川から運河で大庭園の噴水に配水する方法を考えついたのがライプニッツで一六九六年のことである。

ゾフィー像

エルンスト・アウグスト公は一六九二年に初代ハノーファー選帝侯に選ばれた。ライプニッツの尽力に負っているが正式に承認される前の一六九八年に亡くなった。ゾフィーは、これもライプニッツの尽力で、一七〇四年に英国女王アンの推定相続人になったが一七一四年に庭園内で夕方の散歩をしている途中亡くなった。その息子ゲオルク・ルートヴィヒはその年に相続権をゾフィーから継承して英国王ジョージ一世になったがライプニッツを英国に随行させることを拒んだ。臣下となった造幣局長官ニュートンと顧問官ライプニッツをロンドンで直接対決させればいいのに気の利かない男だ。

大庭園内にゾフィーと義父、夫、息子の銅像が立っている一画がある。庭園中央にもゾフィーの座像がある。近くの四つ角に立って東に目をやると、堀の向こうに隣接する英国式庭園ゲオルゲンガルテンがあり、目をこらすと、奇跡のように、小さな湖のほとりに立つライプニッツ神殿を見通すことができる。ブランデンブルク選帝侯（一七〇一年にプロイセン国王フリードリヒ一世）夫人になったゾフィーの娘ゾフィー・シャルロッテもライプニッツの賛美者になりライプニッツをベルリンに招いた。ライプニッツはパリ科学アカデミー会員に選ばれた一七〇〇年にベルリン科学協会を創設し初代会長になっている。

一六九八年に図書館がシュミーデ通りに移設されたときライプニッツも移った。ライプニッツは一七一六年十一月十四日午後十時頃にこの家で亡くなった。ライプニッツの家は、一九四三年に空爆で破壊され戦後

ライプニッツ神殿

ライブニッツハウス

跡地は駐車場になってしまったが、少し離れたホルツマルクトに前面だけ再現した家が建てられた。ライブニッツの遺体は十二月十四日にライネ川を渡った通りにあるノイシュタット教会聖ヨハニスに埋葬された。宮廷関係者は誰一人として埋葬式に参加しなかった。国王と廷臣たちは近くの御猟場で狩猟を楽しんでいた。王立協会もベルリン科学協会もライブニッツの死を黙殺した。信じられない無礼さだ。パリ科学アカデミーでは終身監事フォントネルが追悼演説をした。

ライブニッツが埋葬されたときまだ新しかったノイシュタット教会も一九四三年に破壊され戦後再建された。この教会は儀式があるときにしか開いていない。閉まったドアの前で困っていたら通りかかった女性が教会の事務室に知り合いがいるから、と言って離れた場所にある事務室に連れていってくれた。事務室の女性がこころよく教会を開けてくれた。会議場のように明るい教会の中にライブニッツの墓所があった。砂岩に「ライブニッツの遺骨」と刻まれている。

ライブニッツ墓所

バーゼルの鐘

ベルヌーリ

Daniel Bernoulli

ラインと大聖堂

「ちょうど十一月二十三日のことで、ライン河の上には、霧が綿のように低く棚びいていた。この灰色のテーブルクロスのような広がりの下で、河水の音が響きわたっていたが、それは食器の砕け散る音かとも思われた。上空のあちらこちらで霧が切れて太陽が顔をのぞかせていたが、それはライン河の向こう岸を、まるで金と銀との混ざり物とでもいうように細かい光の粒子できらめかせていた。そしてそれらの中から、家々の前面が不意に立ちあらわれ、時としてその全容が姿を見せてくるのだった。それらは二重窓のついた古びたバーゼルの家々で、緑色の鎧戸と、年月で黒ずんだ屋根瓦とを見せていた。」ルイ・アラゴンが一九三四年に出版した『バーゼルの鐘』（稲田三吉訳、三友社出版）の中の一節だ。

アラゴンは、ダダイスム、シュルレアリスム文学で活躍していたが、一九二〇年十二月二十五日トゥールで開催されたフランス社会党大会の演壇に、官憲の追求の目をくぐりぬけて不意に姿を見せ、火のような言葉を吐いたドイツ女性クララ・ツェトキンに感動し、やがてシュルレアリスムと訣別することになる。『バーゼルの鐘』は、反戦平和と、とりわけ女性解放を主題とし、クララへのオマージュになっている。一九三三年にヒトラーが政権を取ると七十五歳のクララはソ連に亡命したが、間もなくモスクワで客死した。死の直前のクララに会ったアラゴンが翌年書いたこの小説はクララへの追悼文でもある。

一九一二年十一月二十四―二十五日に、戦争の勃発を阻止するため、バーゼルで国際社会主義者会議が開催された。クララもローザ・ルクセンブルクも会議に参加した。当時バーゼルでは社会党とカトリック党が手を結んで州議会を主導していた。州議会は世界各国の社会党の代表者を会議に招待した。カトリックの司祭は大聖堂を会議場に提供した。大聖堂はライン川岸の崖の上に立っている。会議の合間に参加者はテラスからラインや対岸の街やシュヴァルツヴァルト、ヴォージュの山並みを望んだことだろう。冒頭の引用はアラゴンがテラスから見た景色を描いたものに違いない。

ヤーコプ・ベルヌーリ墓碑

大聖堂に隣接する回廊の中を散策した会議の参加者は壁に取り付けられたヤーコプ・ベルヌーリの墓碑に気づいただろうか。墓碑の最下部には渦巻き模様のまわりにラテン語で「変化しても私は同じものとしてよみがえる」と刻まれている。渦巻きは、ヤーコプが墓碑に望んだ奇跡のらせん、オウム貝の殻のような「対数らせん」ではなく、蚊取り線香のような「アルキメデスらせん」を表している。ヤーコプは多くの数学者を輩出したベルヌーリ家の最初の数学者だ。大聖堂から川沿いの古い道ラインシュプルングを歩いていくと現在のバーゼル大学数学教室が使っている古い建物が

旧大学

あり、さらにその先にベルヌーリ家の数学者が講義した旧大学校舎が残っている。
ベルヌーリ家はネーデルラントのユグノー教徒の家系である。十五世紀にアントワープに定住していたが、スペインの圧政から逃れるためフランクフルト・アム・マインに移住した。ヤーコプの祖父もヤーコプだが、祖父はさらにラインをさかのぼって一六二二年にバーゼルにやってきた。日本では「ベルヌーイ」が普及しているが、バーゼルではドイツ語の「ベルヌーリ」だ。ヤーコプの息子ニーコラウスが市参事会員になった。大聖堂から中世の面影を残す細い道シュリュセルベルクを下りて繁華街を少し行くとバーゼルの中心マルクト広場に出る。赤く塗られた目の覚めるような建物が市庁舎だ。マルクト広場から曲がりくねった細い階段の道トーテンゲスラインを上っていくとナーデルベルクという通りに出る。この通りに現存する「古き信義館」がベルヌーリ家の家で、一六八六年にニーコラウスが購入した。
ニーコラウスの息子ヤーコプはいやいやながら親に

トーテンゲスライン

従ってバーゼル大学で神学の勉強をしたが、親に隠れて数学を独学した。ヤーコプの十二歳下の弟ヨーハンもまた父の商売を継ぐため徒弟奉公に出されたが一年で戻ってきた。父はしぶしぶ大学進学を認め、医学を学ぶよう命じた。ヨーハンは、医学の講義を受ける一方で、一六八七年に数学教授になった兄ヤーコプとともに微積分の勉強を始めた。その頃ライブニッツの微積分の論文に出会ったのだ。ライブニッツの論文はわかりにくかったが、ヨーハンは後に自伝で「そのすべての秘密を私たちが解き明かしたのはただの数日のことだった」と書いている。旅行中のライブニッツに宛てたヤーコプの手紙は三年間届かなかったのでベルヌーリ兄弟は二人だけでライブニッツの微積分を発展させた。ニュートンが流率法を秘密にして発展させず、まわりに追従者しか持たなかったのに対し、ライブニッツはベルヌーリ兄弟という独創的な数学者を支持者に得た。一六九〇年の論文で、ヤーコプは、重力の下で粒子が初期位置によらず同一時間に降下する曲線（等時降下曲線）の問題が非線形微分方程式の問題になることを示し、変数分離法によってその方程式を解いている。この論文でそれまでの「求積」に代わる「積分」という用語が初めて現れた。「対数らせん」が書かれている論文だ。

一方、パリに出たヨーハンはド・ロピタル侯爵の家庭教師になり微積分を教えた。ド・ロピタルは一六九六年に微積分の最初の教科書『無限小解析』を出版した。だがド・ロピタルは「多くのすばらしい着想に対し二人のベルヌーリ氏、特に現在フローニンゲン大学

アカデミーヘボウ

教授である若いほうのベルヌーリ氏に感謝している」と書いただけである。ヨーハンは、ド・ロピタル没後、『無限小解析』の中身は自分のものであると主張した。二百年以上たった一九二二年にバーゼル大学図書館でヨーハンの一六九一―九二年の講義録の写しが発見された。ド・ロピタルの本の大部分はヨーハンの講義と手紙をもとにしていたのだ。

ヨーハンは一六九五年に、ハイヘンスの推薦で、フローニンゲン大学数学教授に招聘された。その年の二月六日に生まれたばかりのニーコラウスを連れて九月一日にバーゼルを出発したが、プファルツ継承戦争のさなかである。ラインをネイメーヘンまで下り、ユトレヒト、アムステルダムを経て、ようやくフローニンゲンに到着したのは十月二十二日である。フローニンゲンはオランダ最北端の州都でアムステルダムから鉄道で二時間半ほどの距離にある。駅前は運河になっている。運河を渡って旧市街に入り、まっすぐ北に向かって歩いていくとフローニンゲン大学のアカデミーヘボウがあるアカデミー広場に出る。アウデボーテリン

アウデボーテリンゲ通り生家跡

ゲ通りに入口がある公共図書館の新しい建物の壁に「数学者・自然科学者ダーニエル・ベルヌーリは一七〇〇年二月八日にここで生まれた」と書かれた銘板が取り付けてあるが生家は現存しない。近くの市庁舎やマルティーニ教会の塔に囲まれた市の中心部がフローテマルクトだ。一七〇三年に一家はフローテマルクトの東側コーレンレイプに引っ越したがこの家も現存しない。

ヨーハンがフローニンゲンに滞在した期間は兄ヤーコプとの大喧嘩の期間でもある。緻密な兄と独創的な弟は口汚い言葉で罵り合ったが、皮肉なことに、喧嘩の中で変分法が育まれていった。二人は一六九九年にパリ科学アカデミー会員に選ばれたが、喧嘩をやめること、という条件を付けられた。一七〇五年八月十八日にヨーハンはバーゼルの古代ギリシャ語教授に着任するためフローニンゲンを出発した。旅の途中で、出発の二日前に兄ヤーコプが亡くなったことを知った。バーゼルに着いたのは九月十三日で、兄の後任として

フローテマルクト

「古き信義館」

数学教授になった。一家は「古き信義館」に住んだ。一七一〇年五月二十八日にダーニエルの弟ヨーハンが生まれた。ダーニエルは十三歳のときバーゼル大学で哲学と論理学を学び始め、兄ニーコラウスからは微積分を習った。ニュートンとライブニッツの微積分に関する先取権争いで父ヨーハンがライブニッツを強力に援護したのはこの頃である。ダーニエルは一七一六年に哲学修士になった。

父ヨーハンは、その父に数学者になることを反対されたのだが、息子ダーニエルに対して同じ仕打ちをした。ヨーハンはダーニエルの数学的才能を知りながら、商人にするため徒弟奉公に出したが、ダーニエルが二度も勝手に戻ってきたので、医学を勉強することを許した。ダーニエルは父からエネルギー（活力）保存則を学び、医学に応用して呼吸についての博士論文を一七二一年に書いた。解剖学と植物学、論理学のいずれの教授選考でも最後のくじではずれをひいたのでヴェネツィアに留学した。そこで一七二四年に最初の数学の論文を書いた。その中にリッカティ微分方程式の解が含まれている。

一七二五年にニーコラウスとダーニエル兄弟はサンクトペテルブルグ科学アカデミーに招聘された。だが兄は翌年七月三十一日に病死してしまった。一七二七年に父の愛弟子オイラーがサンクトペテルブルグにやってきた。オイラーと過ごした一七三三年までがダーニエルのもっとも実りあるときだった。一七三三年にバーゼルの解剖学・植物学教授として招聘された。迎えにきた弟ヨーハンとともに帰路ヨーロッパ各地を訪問した。当時大陸ではニュートン力学は受け入れられていなかった。ダーニエルはライブニッツの微積分とニュートン力学とを支持する最初の物理学者だった。一七三四年にパリ科学アカデミーは、ニュートン力学とデカルト渦動理論の優劣を決定することを意図した懸賞問題を出した。アカデミーは決断できず、ダーニエルを受賞させる一方で、ニュートン力学を否定する父ヨーハンも受賞させた。デカルト派が多数を占めるアカデミーがダーニエルに賞を与えたことはダーニエルの勝利を意味した。息子と同列に並べるなんて。あいつは敵陣に走ったんだぞ。激怒した父はダーニエルを「古き信義館」に入れなかった。

ダーニエルの主著は一七三八年に刊行された『流体力学』である。現在使われている流体力学という用語はこの本の題名に由来する。その中で容器の穴から流出する水の解析を行っているが、父から学んだエネルギー保存則を使っている。また『流体力学』の第十章「弾性流体、特に空気の性質と運動について」では気体の分子運動論を論じている。「円筒形の容器が垂直に置かれており、その中に重りPを上に乗せた可動のふたがあるとしよう。空洞は非常に速い運動で動きまわるきわめて小さな物体を含んでいるとする。そこでこの小物体は、ふたにぶつかり、連続してくり返される衝撃によってふたを支えており、重りPが、取り除かれるか軽くなるかすると膨張し、重くなると圧縮される弾性流体を構成している。」現代の教科書と同じである。ダーニエルは気体の圧力が、体積に反比例し、

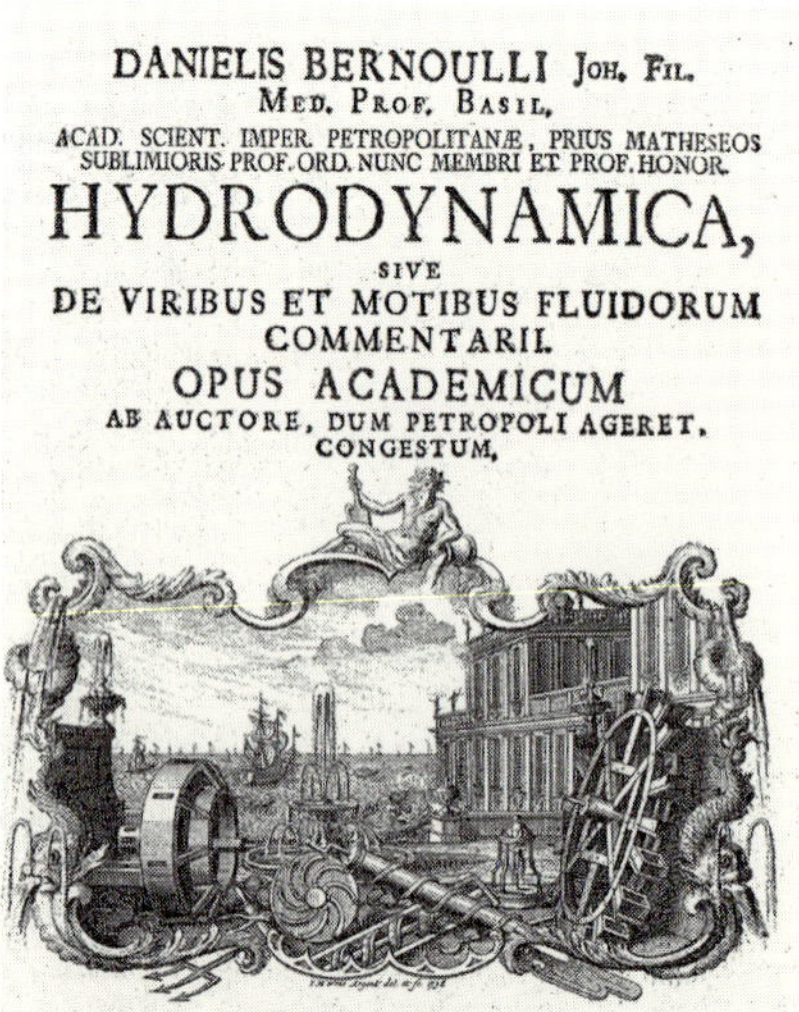

『流体力学』

小物体の速度の二乗に比例することを発見している（ベルヌーリの定理）。だがダーニエルの考え方はあまりにも時代の先を行きすぎていた。近代的な分子運動論はダーニエルから一世紀以上が過ぎた一八五六年のクレーニヒと翌年のクラウジウスに始まる。ダーニエルは粒子の大きさまで考慮しているからファン・デル・ワールスの先駆となる研究である。だが十九世紀末にはエネルギー論者が分子運動論を攻撃した。ダーニエルの考え方が実証されたのは二十世紀になってからである。

ダーニエル・ベルヌーリ

　ダーニエルの『流体力学』に驚嘆するのはこれだけではない。円筒形容器のふたに乗せた重りをpから$P+p$に増やしたとき運動するふたの速度vをニュートンの第二法則を用いて計算し（重さ$P+p$をmに変えて訳すと）、「重りmが距離xだけ降下すると、「ポテンシャル活力」mxが生成され、mは「実活力」$\frac{1}{2}mv^2$を持つ」と書いている。ライプニッツの活力にはなく、十九世紀になってから付けられた二分の一の因子がすでに書かれている。ランキンは一八五三年にダーニエルの研究を知らずに用語「実エネルギー」をつくったが一八七三年にトムソン（ケルヴィン卿）が「運動エネルギー」に変えた。ランキンは同時に用語「ポテンシャルエネルギー」をつくった。後にその概念の創始者がラザール・カルノーであることを知ったが、ダーニエルの研究を知ることはなかった。ダーニエルは、一七三八年の論文で、惑星運動に対するニュートン方程式を解いて惑星の速さを与え（エネルギー

ペータース広場

積分)、ポテンシャルエネルギーに相当する項(動径の逆数に比例する項)を初めて見つけた。

ダーニエルは、一七四三年に出版された父の全集を見てびっくりし、オイラーに手紙を書いて父の仕打ちに対する怒りをぶちまけた。「ぼくの『流体力学』は父に負うところはまったくないのですが、突然すべてを奪われてしまい、一時間のうちに十年間の成果を失いました。すべての定理はぼくの『流体力学』から取ったものです。それにもかかわらず、父はその著作を『水力学、一七三二年に最初に発見』と名づけました。ぼくの『流体力学』は一七三八年に印刷されたので。……ぼくは数学より靴職人の商売を勉強したほうがよかった。」息子の本を見たときヨーハンは七十歳になっていたが、息子には負けるものか、と急いで『水力学』を書いたのだろう。一七三九、四〇年に書かれた『水力学』は一七四四、四七年に『サンクトペテルブルグ科学アカデミー紀要』に印刷されたので全集が最初の公表場所になった。それは剽窃ではなく独創的な部分もあり、オイラーは、『水力学』を出発点として、

シュタフェルシュツェンハウス

今日のいわゆる「ベルヌーリ方程式」を導いている。

ダーニエルはバーゼルで最初は植物学を教えていたが、一七四三年には生理学に転じ、一七五〇年から一七七六年まで物理学を教えた。ダーニエルは、父の仕打ちの後、数学への熱意を失ったが、それでも振動論の先駆となる研究を残している。「固有値問題」、「固有振動」、「重ね合わせの原理」はダーニエルの発見である。一七五五年に弦の振動が無数の固有振動を重ね合わせたものであることを論じている。また一七五五年に平行板電荷間に働く力を測定しクーロンの法則の先駆となる研究を行っている。ダーニエルが実験に使った木組みの家「シュタフェルシュツェンハウス」はペータース広場に残っており、大学の研究室として現在でも使われている。ダーニエルは弟ヨーハンや学生を連れてペータース広場で散歩しながら議論の花を咲かせた。ダーニエルとヨーハンは一七四六年のパリ科学アカデミー懸賞問題で磁気力に関する共同研究で受賞した。父は一七四八年元日に亡くなり、ヨーハンが父の後任となった。

エンゲルホーフ

「古き信義館」の近くのシュティフトガッセに曲がる角に弟ヨーハン一家が一七四八年から住んだ「エンゲルホーフ」が現存する。ダーニエルが亡くなるまで独りで住んだ小さな家「小エンゲルホーフ」はエンゲルホーフの奥にある。ダーニエルは一七八二年三月十七日に亡くなりすぐ近くのペータース教会に埋葬された。教会に入ると左側の壁に四つの墓碑が並んでいる。左端がダーニエルで、兄ニーコラウス、父ヨーハン、弟ヨーハンの順に並んでいる。父の墓碑銘にはアルキ

小エンゲルホーフ

ベルヌーリ父子墓碑

メデス、デカルト、ニュートン、ライブニッツの名が刻まれており、その下に父の名がある。名誉欲は十分満たされたことだろう。

アラゴンはダーニエルの亡くなったちょうど二百年後に亡くなった。レジスタンとしてナチと闘っていたアラゴンは、一九四三年に書いた詩「幸せな愛はどこにもない」の中で、「苦しみのないような愛はどこにもない　ひとを傷つけないような愛はどこにもないひとの力を奪いとらないような愛はどこにもない」

ペータース教会

ベルヌーリアヌム

（大島博光訳『フランスの起床ラッパ』、新日本文庫）
と詠った。

ペータース教会の前のペータース広場を通ってまっすぐ歩いていくとベルヌーリ通りに出る。その角に大学の建物ベルヌーリアヌムがある。玄関を入るとヤーコプ、ヨーハン、ダーニエルとオイラーの胸像が飾ってある。ベルヌーリアヌムを出たとき大聖堂の鐘の音が聞こえてきた。四人の数学者が聞いた同じ鐘の音が……。

ダーニエル胸像

コールハーゼの橋

ヘルムホルツ

Hermann Helmholtz

ヴァンゼー

ベルリンを横断する近郊線S7はヴァンゼー駅が終点だ。駅を下りると目の前にヴァンゼーが広がっている。湖はグローサーヴァンゼーとクライナーヴァンゼーにわかれている。東西分裂時代に西ベルリンに属した湖畔の街ヴァンゼーは豪華な邸宅が立ち並ぶ保養地だ。ベルリンを縦断する近郊線S1でもヴァンゼーに行くことができるが、S1はさらにポツダムまで延びている。ヴァンゼー駅を出た列車はクライナーヴァンゼーとそれに連なる湖に沿って走っていき、小集落コールハーゼンブリュックを通ってポツダム市に入る。かつてこの場所にベルリンの壁があったのだ。

コールハーゼンブリュックという名はかつてあった橋に由来する。ベルリン中央を流れる川シュプレーにある中の島、「博物館の島」はかつてケルンという街だった。島の南端の通りフィシャーインゼルにハンス・コールハーゼという商人が住んでいた。一五三二年十月一日夕方、コールハーゼは、市場に出す馬を連れてライプツィヒに向かう途中で、ザクセンのユンカーに馬を奪われた。コールハーゼは裁判所にユンカーの不正を訴えたが、裁判官はコールハーゼを相手にしなかった。コールハーゼは激怒のあまり、仲間を集めて全ザクセンに対して復讐を企て、強盗、略奪をくり返し、ヴィッテンベルクに火を放った。ルターの説得も聞かなかった。一五四〇年初め、コールハーゼはポツダムの東でブランデンブルク選帝侯の銀輸送車を襲い、奪った銀の延べ棒を、後にコールハーゼンブリュックと呼ばれることになる橋の下に沈めた。だがコールハーゼは二月終わりにベルリン市庁舎近くのプローブスト通りで捕えられ、三月二十二日に市庁舎の前で車裂きの刑に処せられた。

　ハインリヒ・フォン・クライストはハンス・コールハーゼを題材にした小説『ミヒャエル・コールハース』を書いた。プロイセン軍人の家に生まれたクライストは、ポツダム近衛連隊に入隊し、フランス革命に干渉するライン出兵に従軍したが、一七九九年には軍隊をやめて故郷オーダー河畔フランクフルトの大学で数学、物理学、哲学を学んだ。三学期で大学をやめて遍歴をくり返した。『ミヒャエル・コールハース』を書き始めたのは一八〇六年ケーニヒスベルクにおいてである。その年十月プロイセンはナポレオンに敗北した。『ミヒャエル・コールハース』を含む小説集が刊行されたのは一八一〇年。クライストはプロイセンを対ナポレオン戦争に起たせるため活動したが挫折してしまった。

　コールハーゼンブリュックはヴァンゼー駅からビスマルク通りをポツダムに向かう線路沿いに三キロほど歩くとたどり着く。歩き始めてすぐに、クライナーヴ

クライスト墓所

ヴィルヘルム・シュタープ通り生家

アンゼーに下りる小さな通路が見つかる。緑の林に囲まれた静かな小径だ。その途中の湖を見下ろす場所にクライストの墓がある。墓碑には『ホンブルク公子』から採った「おお不滅よ、いまこそお前は私のものだ」が刻まれている。かたわらにはヘンリエッテ・フォーゲルの小さな墓が寄り添っている。一八一一年十一月二十一日、この湖畔の林の中で、クライストは不治の病に侵されたヘンリエッテを射殺した銃で自殺した。ヘンリエッテは夫に宛てた最後の手紙で「死んだクライストと私を引き離さないで下さい」と書いていた。

ヴァンゼーはエルベの支流ハーフェルの一部だが、ポツダムもハーフェル河畔にある。ポツダム駅で下りてハーフェルを渡り、旧市街に入ると、ヴィルヘルム・シュタープ通りに大きなアパートがある。ヘルマン・ヘルムホルツは一八二一年八月三十一日にこのアパートで生まれた。父フェルディナントは前年にポツダムギムナジウム（現在のヘルムホルツギムナジウム）の哲学・古典文学教師になっていた。父はベルリン大学の学生時代、一八一三年にプロイセンがフラン

ベルリン大学

スに宣戦布告すると、志願して従軍し八月二十六―二十七日のドレースデンの戦いに参加している。母カロリーネはペンシルヴェニアを建設したウィリアム・ペンの子孫である。

ヘルムホルツは一八三〇年春に父の教えるギムナジウムに入学した。大学では物理を専攻したかったが、父は、経済的理由で、奨学金が得られる医学を学ぶようヘルムホルツを説得した。一八三八年九月十二日にギムナジウムを卒業したヘルムホルツは二十六日にフリードリヒ・ヴィルヘルム王立医科外科研究所で医学の勉強を始めた。近郊線S1とS7はフリードリヒ通り駅で交差しているが、研究所はS7がフリードリヒ通りを出て次の駅、ベルリン中央駅に着く手前のシュプレー河畔チャリテ病院にある。ヘルムホルツはベルリン大学で化学や生理学の講義を聴いた。数学は独学で、ラプラース、ビオー、ポアソン、オイラー、ヤコービを読んで勉強した。一八四一年冬には二歳年上の学生エーミール・デュ・ボア=レモーン、エルンスト・ヴィルヘルム・ブリュッケと生涯の親友になり大きな影響を受けている。

ヘルムホルツは一八四二年九月三十日にチャリテ病院に外科医として配属された。学位を取ったのは十一月二日である。翌年十月一日から、クライストが所属したことがあるポツダムの近衛連隊に、軍医助手として勤務した。奨学金を受けた学生は八年間プロイセン軍に軍医として勤務する義務があったからである。任務は重くなかったから連隊の中につくった小さな研究室で研究を続けた。デュ・ボア＝レモーンとブリュッケが頻繁にやってきて話し相手になった。近衛連隊兵舎は生家から遠くない大通りブライテシュトラーセの裏にあたるヘニング・フォン・トレシュコフ通りにあった。通りの端から端まで歩いてみたが、ヘルムホルツがエネルギー保存則を発見した研究室は見つからなかった。

かつてハンス・コールハーゼが住んでいた「博物館の島」の北端には、ペルガモン博物館、ボーデ博物館、旧国立美術館、旧博物館、新博物館が並んでいる。シュプレー川を隔ててペルガモン博物館の向かいの通りクプファーグラーベンに銘板を付けた家がある。銘板には「グスタフ・マグヌスはこの家でドイツ最初の物理研究室を創設し一八四二年から一八七〇年まで主宰した」と書かれている。一八四五年にマグヌスの物理コロキウムでデュ・ボア＝レモーン、ブリュッケらがドイツ物理学会を創設した。ヘルムホルツは医師国家試験を受ける必要から、その年十月から五か月間休職し母校に滞在したが、このときマグヌスの研究室で研究を続けた。デュ・ボア＝レモーンはヘルムホルツを

マグヌスの家

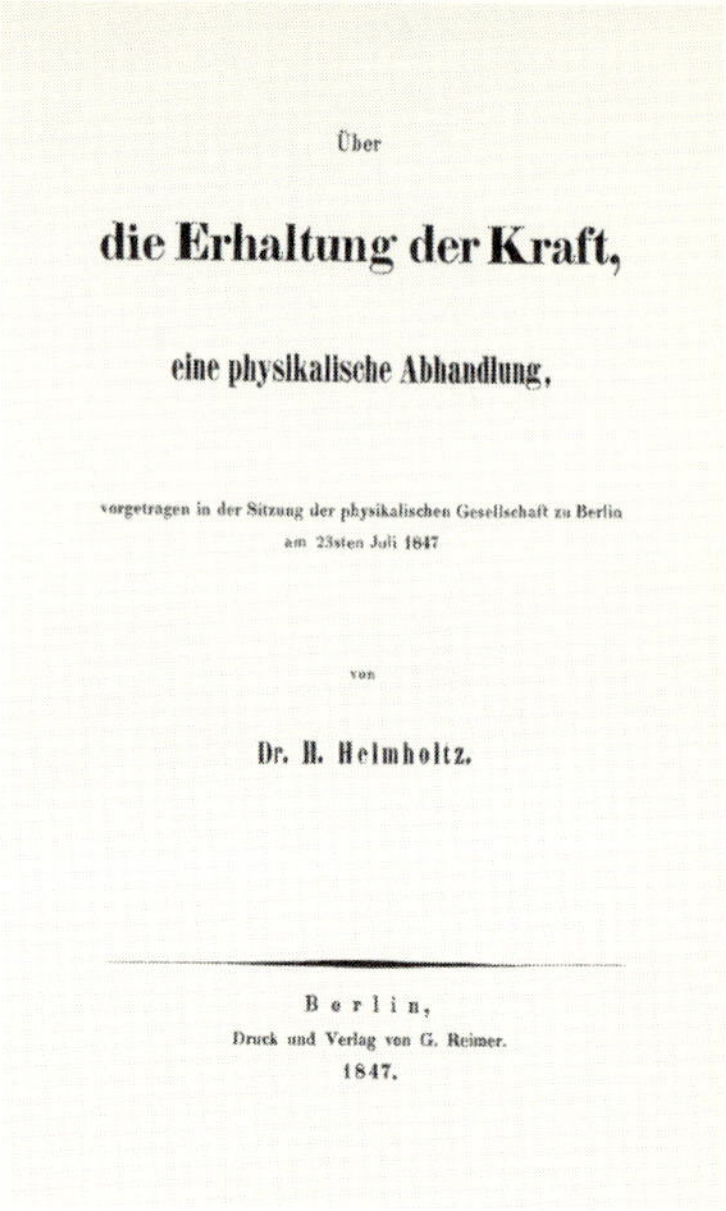
Über

die Erhaltung der Kraft,

eine physikalische Abhandlung,

vorgetragen in der Sitzung der physikalischen Gesellschaft zu Berlin
am 23sten Juli 1847

von

Dr. H. Helmholtz.

Berlin,
Druck und Verlag von G. Reimer.
1847.

『力の保存について』

物理学会に入会させた。

一八四七年七月二十一日にヘルムホルツは物理学会で『力の保存について』を発表し、マグヌスに論文を送ってポゲンドルフ編集の『物理学年報』に掲載するよう依頼した。だがポゲンドルフは論文の掲載を拒否し、私費出版するよう言ってきた。ポゲンドルフは独自の実験を含まない理論物理の論文を嫌った。『物理学年報』の門戸を理論物理に開けば実験物理の論文を犠牲にしなければならなくなることをおそれた。ポゲンドルフは一八四一年にローベルト・マイアーの論文「力の定量的および定性的決定について」を没にした前科がある。エネルギー保存則を史上初めて述べた論文だがポゲンドルフはマイアーに返事すらしなかった。一方、ヘルムホルツに出版を依頼された出版者ゲオルク・ライマーは、出版を引き受けただけでなく、印税も払ってくれた。

ヘルムホルツは学生時代の一八四一年にはエネルギー保存則を信じていたと言っている。オイラー、ダーニエル・ベルヌーリ、ダランベール、ラグランジュの論文を読んで、無から絶え間なく力（エネルギー）が生じる永久機関は存在できないことを確信していた。エネルギー保存則は一八四二年のマイアー、一八四三年のジュールの論文に始まる。数学が苦手な二人、思弁的なマイアー、経験的なジュールに比べて、ヘルムホルツは数学を駆使してエネルギー保存則を明瞭に説明している。中心力の下で運動する粒子に対して、運動エネルギーとポテンシャルエネルギーの和が保存することを導き、それを多数の粒子の場合に一般化して、エネルギー保存則と気体分子運動論の関係を明らかにした。また電気、磁気のさまざまな問題にエネルギー保存則を応用した。誘導起電力に対するノイマンの公式を、ジュール熱を用いて、エネルギー保存則によって導いている。

ヘルムホルツは一八四八年一月十八日に、軍医として働く義務を免除され、解剖博物館助手、美術学校講師に任命された。ケーニヒスベルク大学に赴任するブリュッケがヘルムホルツを後任に推薦してくれた。一八四九年にブリュッケがヴィーン大学に転任するとヘルムホルツがその後任としてケーニヒスベルク大学生理学助教授に招聘された。同僚となったフランツ・ノイマンはヘルムホルツを助けた。ヘルムホルツは一八五一年に「電流のゆらぎによって誘導される電流の持続と経過について」を発表し、オームの法則とノイマンの電気力学ポテンシャルを用いて、突然の電流のゆらぎがあったときに電流の時間変化を与える式を導いている。その年十二月十七日に正教授に昇格した。

一八五五年にはボン大学解剖・生理学教授になり、ライン川岸にあるケルン選帝侯の夏の屋敷ヴィネアドミニに移り住んだ(現在のベートーヴェンギムナジウムの敷地にあった)。一八五八年にはハイデルベルク大学生理学教授として転任し、中央通りにある旧物理研究室に住んだ。ヘルムホルツは次第に本来の興味の対象、物理学へと研究を転じていった。同年に論文「渦運動に適合する流体力学方程式の積分について」を発表している。内部摩擦のない流体中では、渦の中の流体は渦の外の流体と相互作用することなく渦の中にとどまり渦の中で回転し続けることを示した。この

ハイデルベルク大学旧物理研究室

ヘルマン・ヘルムホルツ

論文の中で速度ポテンシャル（ヘルムホルツの命名で、磁場がベクトルポテンシャルを持つように、流体の速度場は速度ポテンシャルを持つ）を与える公式は「ヘルムホルツの定理」として知られている。

ヘルムホルツは一八六四年にロンドンを訪れたときマクスウェルの家に招かれている。マクスウェルはヘルムホルツの十歳年下で、一八五五年に「ファラデイの力線について」で、ヘルムホルツの『力の保存について』に書かれた方法を用いて電磁誘導の法則を導いている。ヘルムホルツは手紙に「キングズカレッジの物理学者で鋭い数学的頭脳であるマクスウェル教授をケンジントンに訪ねました。彼は色彩論のきわめて美しい器具を私に見せてくれました。その分野では私も以前に研究したものです」と書いている。マクスウェルとヘルムホルツは独立にヤングの三原色理論を復活させた。

リーマンが一八五四年に行った教授資格講義「幾何学の基礎に存在する仮説について」は没後一八六七年に印刷公表された。ヘルムホルツはリーマンの論文を見る前に非ユークリッド幾何学の研究を行っていた。一八六八年に論文「幾何学の基礎に存在する事実について」を公表した。ハンス・ライヒェンバッハは「相対論の哲学的意味」の中で「幾何学の問題で哲学的説明を与えてくれたのはヘルムホルツである。彼は、物理的幾何学が、剛体による合同の定義に依存していることを理解し、物理的幾何学の性質の明瞭な表現に到達した」と言っている。

デュ・ボア=レモーン墓所

マグヌス墓所

ヘルムホルツ銅像

一八七〇年にマグヌスが亡くなった（墓所はドロテーエン墓地にある。隣接するユグノー教徒墓地には一八九六年に亡くなったデュ・ボア=レモーンの墓所がある）。ヘルムホルツは翌年マグヌスの後任としてベルリン大学物理学教授になった（断ったケンブリッジ大学実験物理教授にマクスウェルが就任した）。ベルリン大学本部前にヘルムホルツの銅像が立っている。ヘルムホルツは一八七〇年に「静止導体に対する電気の運動方程式について」、一八七三年に「電気力学理論について、第二論文」、一八七四年に「電気力学理論について、第三論文」を発表した。ノイマン、ヴェーバーの遠隔作用理論とマクスウェルの場の理論を折衷する試みで、分極と磁化が可能な物質「エーテル」を仮定している。現代から見るとマクスウェル理論がすでに提出されていたこのときに別の理論を提唱するのはばかげているようだが、一八八四年に書かれたホッペの『電気の歴史』のどこを探してもマクスウェル理論のかけらもない（ヘルムホルツ理論の特殊な場合として触れられているだけである）。ヘルツが電磁波を発見する直前の大陸でマクスウェル理論がいかに無視されていたかよくわかる。

ヘルムホルツの基本式は任意定数kを含んだベクトルポテンシャルである。$k=1$のときノイマン、$k=-1$のときヴェーバーのベクトルポテンシャルになる。ヘルムホルツは$k=0$のときマクスウェル理論になると言っているが、マクスウェル方程式を導いてはいない。今頃になってそれを確かめてみるのも変だが、ぼくは丹念に計算してみた。当然のことだが$k=0$のときヘルムホルツ理論はマクスウェル理論にならないのだ。（拙著『マクスウェルの渦　アインシュタインの時計』（東京大学出版会）に導出が詳しく書いてあるので腕に覚えのある読者は挑戦していただきたい。）

ヘルムホルツは実験によってkの値を決めたかった。現代から見ると、ベクトルポテンシャルは「ゲージ変換」によって変化する「ゲージ場」であり、kのさまざまな値はさまざまな「ゲージ」に対応し、実験によって決まる量ではない。もちろんゲージ変換の考え方は半世紀も後のことである。当時はヘルムホルツ理論は権威を持っており、ホッペのように、大陸の物理学者はヘルムホルツ理論を通してマクスウェル理論を見ていた。だがヘルムホルツ理論は愛弟子ヘルツによって否定されることになる。ヘルツは『電気力の伝搬についての研究』序文で次のように言っている。「私の実験ではマクスウェルの本によって直接導かれることはなかった。むしろ私はヘルムホルツの仕事に導かれた。……だが、不幸なことに、ヘルムホルツ理論がマクスウェル方程式になる特別な極限の場合、そして実験が指し示すところでもあるが、その場合には、いつもそうであるが、遠隔作用を無視したとたんにヘルムホルツ理論の理論的基盤が消えてしまうのである。」

ヘルムホルツの物理研究室はシュプレー河畔、ライヒスターク河岸にあった。現在は公共放送局ＡＲＤ本部の建物が立っている。ヴィルヘルム通りに面した壁には「一八七七―一八七八年にヘルマン・ヘルムホルツのために建てられたベルリン大学物理研究室は一九四五年までこの場所にあった」と書かれた銘板が取り付けてある。物理研究室はネルンストの物理化学研究室と隣り合っていたが、建物は第二次大戦で破壊された。

一八八八年に友人ヴェルナー・ジーメンスの資金でシャルロッテンブルクに国立物理工学研究所が創設された。ヘルムホルツは初代所長になり豪華な所長公舎に移り住んだ。公舎は第二次大戦で破壊されたが、オプゼルヴァトーリウム（観測所）は現存する。大学と違って研究所は自由に出入りはできないが、守衛室で所長に電話したところ、所長秘書を差し向けてくれた。

国立物理工学研究所観測所

ヴァンゼー会議記念館

オプゼルヴァトーリウムの銘板には「古典物理の完成者、科学技術時代の先覚者ヘルマン・ヘルムホルツは物理工学研究所所長としてこの場所で働いた」と書かれている。

ヴァンゼー駅で乗ったバスはヴァンゼー橋を渡り、グローサーヴァンゼー湖畔に沿って走っていく。バスは循環経路を取っている。その折り返し点にある屋敷には「悪名高いヴァンゼー会議がこの家で開催された」と書かれた銘板が取り付けてある。一九四二年一月二十日国家保安本部長官ラインハルト・ハイドリヒが招集した会議で「ヨーロッパにおけるユダヤ人問題の最終的解決」が討議されたと言われている。そこからしばらく歩いた場所にヴァンゼー墓地がある。ヘルムホルツの立派な墓はその中の鉄柵に囲まれた広い墓所にある。クライストの墓まで直線距離で一・四キロ、コールハーゼンブリュックまで三キロばかりだ。コールハーゼが橋の下に沈めた銀の延べ棒はいまだに見つかっていない。

ヘルムホルツ墓所

球に書かれた三角形

ゾルドナー
Johann Soldner

マルクト広場

ニュルンベルクから近郊線に乗って南西に向かうと、三十分でロココの町アンスバッハに着く。アンスバッハとバッハの間に直接の関係はないはずだが、一九四七年以来隔年に音楽祭「バッハ週間」が開催されている。アンスバッハからバスに乗ってさらに南西に向かうと四十分でロマンティック街道沿いのフォイヒトヴァンゲンに着く。アンスバッハ郡に属する小さな美しい町だ。古い木組みの家で囲まれたマルクト広場にはパイプづくりの噴水がある。広場の北側にある修道院付属教会の回廊は演劇祭に使われている。回廊にあるカフェでコーヒーを飲んでのどの渇きを癒した。

町の中心から下りて少し行った場所に鳩の像をのせた小さな噴水がある。フォイヒトヴァンゲン創設にまつわる伝説が刻まれている。石柱には「八一四年に亡くなったカール大帝は死の数年前にこの場所で狩りをしていた。彼は森の中で道に迷い、のどが非常に渇いてしまった。そのとき一羽の鳩が舞い上がり、この場所に急ぐのを見た彼はこの泉の源にやってきた。狩りの従者たちは元気を取り戻した彼を見つけた。彼は神

ゲオルゲンホーフ生家

への感謝の気持ちから源のそばに教会と修道院を建てた。これによって彼はフォイヒトヴァンゲンの町の創始者になった。」

フォイヒトヴァンゲンの横を流れる川ズルツァハ（ドナウヴェルトでドナウと合流するヴェルニッツの支流）に沿って野原の中を二キロばかり北上するとゲオルゲンホーフという小集落に出る。大きな木の下に農家があり、壁に「ヨーハン・ゲオルク・フォン・ゾルドナー　国王直轄徴税地籍委員会委員、王室天文学者、ミュンヘン天文台理事、バイエルン科学アカデミー正会員、一七七六年七月十六日にこの家でこの世に生まれでた」と書かれた銘板が取り付けてある。呼び鈴を押すと家の主人が出てこられた。ゾルドナーの生家を訪ねてやってきたと言うと家の中に入れてくれた。いかにも好人物の八十八歳の主人と息子は仕事中とのことで、仕事着で、田舎のにおいをぷんぷん発散させていた。部屋の中も田舎のにおいが充満していた。壁にはゾルドナーの肖像画が飾られている。フランケン地方の方言は聞き取りにくかったが、ミュンヘンの

旧ラテン語学校

測地局の前に「ゾルドナーの球」があると教えてくれた。

ゾルドナーの父ヨーハン・アンドレーアスも農夫だった。貧しい両親はゲオルゲンホーフの北一・五キロにある小村バンツェンヴァイラーの粗末な学校にゾルドナーを通わせる一方で、はやくからゾルドナーに農作業を手伝わせた。だがゾルドナーは数学に魅せられた。両親は、ゾルドナーと、アンスバッハに住む物理学者イェリンに心を動かされて、ゾルドナーがさらに教育を受けることを許した。フォイヒトヴァンゲンの修道院付属教会とヨハニス教会の奥に「オルガン奏者の家」があり、「一五七六―一八一九年ドイツ語学校、学校長とオルガン奏者の住居。隣接の建物は聖堂参事会員神学校の聖遺骨安置所として一四九六年に建てられた。一五二九―一七九七年ラテン語学校」と書かれた銘板が取り付けてある。ゾルドナーは一七九四年十八歳から二年間このラテン語学校に通った。

ラテン語学校を終えたゾルドナーは一七九六年にアンスバッハに出て語学と数学を勉強した。さらに一七九七年にはベルリンに赴き、プロイセン科学アカデミー会員で王室天文学者、ベルリン天文台所長ヨーハン・ボーデに師事、助手となって天文学と測地学を学んだ。一八〇〇年に最初の論文「恒星の相対運動について——恒星の光行差についての補遺を含む」をボーデが編集する『一八〇三年度天文学年報』に発表している。それはラプラースの論文に刺激を受けて書かれた。ラプラースは一七九六年の論文で、星の光が星の重力に捕えられて見えなくなる可能性を示唆した（太陽半径の二百五十倍以上で地球と同密度を持つ星の光は重力に捕えられると言っている）。ブラックホールの先駆である。一七九九年の論文でラプラースは、星から放出される光の速度は一定のままであると仮定してこの主張を証明している。これに対してゾルドナーは、星から放出される光は重力のもとで低速度になりうる、したがって星が非常に小さくても重力が光を捕えてしまう可能性がある、と主張した。このような考察の過程でゾルドナーは重力によって光が曲げられる角度を正確に計算することを思い立ち、翌一八〇一年に二番目の論文を『一八〇四年度天文学年報』に発表した。この論文については後述する。

ゾルドナーは一八〇五年にモスクワ大学天文台所長に就任するよう三度も要請されている。ゾルドナーの流失を惜しむ友人たちがゾルドナーに職を用意した。プロイセン国王フリードリヒ・ヴィルヘルム三世は当時プロイセン領だったアンスバッハの測地局長にゾルドナーを任命した。だが、一八〇六年十月十四日にプロイセンがフランスに敗北しアンスバッハを失った。失職したゾルドナーはベルリンに戻って天文学と測地学の研究に専念していた。ナポレオンの支持で一八〇六年にバイエルンは王国になりマクシミリアン一世が国王になった。枢密顧問官ヨーゼフ・ウッシュナイダーの提案に基づき、マクシミリアン一世は一八〇八年二月二十六日からゾルドナーをミュンヘンの測地委員会に雇った。現在のバイエルン測地局の玄関前に「ゾルドナーの球」がある。ゾルドナーの生家で教えてもらったゾルドナー記念碑だ。

ゾルドナーは一八〇九年にミュンヘンで『新しい超

「ゾルドナーの球」

越関数の理論と表』を出版した。対数積分（対数関数の逆数を積分した特殊関数。ゾルドナーの記号 li は今日でも使われている）の理論を与えた論文で、対数積分の唯一の零点はゾルドナー定数（またはゾルドナー＝ラマヌジャン定数）の名で呼ばれている。またゾルドナーはこの論文で対数積分の級数展開を与え、その初項のオイラー定数を四十桁まで計算した。ロレンツォ・マスケローニは一七九〇年にオイラー定数を三十二桁まで計算していたが、ゾルドナーは二十桁目でマスケローニの誤りを見つけた。ガウスの指導を受けたベルンハルト・ニコライは一八一二年十八歳のときゾルドナーの値が四十桁まで正しいことを確かめた。

　ゾルドナーは一八一〇年の論文「測地理論」で、それまでの平面上の三角形に基づいていたジャン＝バティスト・ドランブルの三角測地法に対し、球面上の三角形に基づいて測地法の精度を飛躍的に進歩させた。ガウスの三角測地法はゾルドナーの方法を改善したものである。ゾルドナーは一八一一年三月十三日に国王直轄徴税地籍委員会委員になっている。一八一三年二月二十四日にはバイエルン科学アカデミー正会員に選ばれた。ゾルドナーが科学アカデミーに測地法を報告したとき、同じ科学アカデミー会員で天文台所長のフェーリクス・ザイファーが、ゾルドナーの測地法は新しいものではなく、ピエール・メシャンとドランブルから借りてきたものだと非難し、ゾルドナーの論文に対して剽窃の汚名を着せようとした。だがほかならぬドランブルその人がザイファーの非難をまったく不当なものとして公式に却下した。ゾルドナーは自分に向

ディーゼル旧居

けられた不当な中傷から名誉を回復し、ザイファーは天文台所長の職を解かれた。マクシミリアン一世は、ザイファーの後任として、一八一五年十一月二十六日にゾルドナーを王室天文学者に任命し、ボーゲンハウゼンに新たにつくる天文台の所長に任命した。

　ボーゲンハウゼンはミュンヘン市内からマクス・ヨーゼフ橋でイーザル河を渡った対岸にある。高級住宅地で、ディーゼルが一九〇一年から一九一三年に亡くなるまで住んだ家、トーマス・マンが一九一四年から一九三三年に亡命するまで住んだ家、エーリヒ・ケストナーが一九五三年から一九七四年に亡くなるまで住んだ家も近い。アネッテ・コルプが住んでいたアパートもある。コルプは一八七〇年に造園家の父とフランス人ピアニストの母の間に生まれた。父はバイエルン国王マクシミリアン二世（マクシミリアン一世の孫）の非嫡出子である。コルプはルートヴィヒ二世の姪にあたるわけだ。第一次大戦でコルプは平和主義者になった。一九一五年のドレースデンにおける文学協会で

トーマス・マン旧居

エーリヒ・ケストナー旧居

行った激越な講演で、戦争に誘うナショナリズムを批判し、理性の使用とヨーロッパ諸国民の連帯を弁じたから会場は大混乱におちいった。一九三三年二月二十一日にナチを逃れてパリに亡命し、一九四一年にはさらにニューヨークに亡命した。

一九六三年にケストナー邸を訪ねた高橋健二は足もともあぶなっかしく耳が遠くなったコルプに出会っている。「トーマス・マンもよく知っていたが、晩年の彼女の顔がやぎに似ている、と書いたので、彼女は腹を立てたと言われる。だが、私もトーマス・マンと同じ感じを受けた。そんなことは彼女がすぐれた女流作家だったこととなんの関係もない」（高橋健二『ケストナーの生涯』、駸々堂）。トラムのマウアーキルヒャー通り駅から坂道を少し上ったヘンデル通りにあるアパートが一九六一年から一九六七年に九十七歳で亡くなるまでコルプが住んだ住居だ。そこから天文台通りをしばらく行くと天文台に出る。現在はミュンヘン大学天文教室になっている。

アネッテ・コルプ旧居

天文台

ゾルドナーはウッシュナイダー、ゲオルク・ライヒェンバッハ、ヨーゼフ・フラウンホーファーの協力で天文台を建設した。フラウンホーファーが天文台の望遠鏡をつくった。ライヒェンバッハとウッシュナイダーの数学機械学研究所がつくった測定器が天文台に設置された。ゾルドナーは一八一八年に完成した天文台の中につくられた住居に移っている。ゾルドナーとフラウンホーファーは、ウッシュナイダーが一八〇六年に雇ったフラウンホーファーに物理、光学、数学を教えるようゾルドナーに依頼したときから、師弟であり友人だった。二人とも大学でもギムナジウムでさえも学んでいない。一八二〇年にフラウンホーファーをバイエルン科学アカデミー客員正会員にする提案に対して数学物理部門の科学アカデミー会員バーダーや数学物理教授イェリンが強硬に反対した。大学卒業資格のない職人にすぎないフラウンホーファーを科学アカデミー会員にすることはできないというのである。ゾルドナーは投票に際して、「これらの〈フラウンホーファー〉線を通していまや太陽光スペクトルの厳密な測

フラウンホーファーと
ライヒェンバッハ墓所

定が可能であり、厳密な測定の可能性とその実行こそが厳密科学と考えられるものの目標であります。光と色彩の分野でフラウンホーファーの発見はニュートン以来もっとも重要です」とフラウンホーファーを応援した。それにもかかわらず、反対意見が多数を占める中で、フラウンホーファーは客員正会員にはなれず客員準会員に選ばれただけだった。ゾルドナーがもっとも親しくしたフラウンホーファーは一八二六年六月七日に三十九歳で亡くなった。フラウンホーファーとライヒェンバッハの墓はミュンヘン南墓地南端の壁際に並んでいる。ゾルドナーを助けたウッシュナイダーの墓も近くにある。

ゾルドナーの名が今日知られているのは一八〇一年に発表した論文「天体の近くを通過する光線の天体の引力による直線運動からのずれについて」によってである。ニュートンの光の粒子説に基づいて、天体の重力によって光粒子が曲げられる角度をニュートン方程式を解くことによって決定したものである。慣性質量

ウツシュナイダー墓所

と重力質量の等価性によってニュートン方程式の両辺で光粒子の質量が相殺されるから計算結果は未知の光粒子の質量に依存しない。ゾルドナーの計算結果は一九一一年の一般相対論完成以前にアインシュタインが等価原理を使って得た〇・八三秒と一致し、一般相対論の結果のちょうど半分である。ゾルドナーは数値では〇・八四秒を与えているが、現代の諸定数をアインシュタイン、ゾルドナーの式に代入すると〇・八七五秒になる。一九一九年十一月六日に発表されたエディントンの測定値はアインシュタインの予言値一・七四秒に近いものだった。

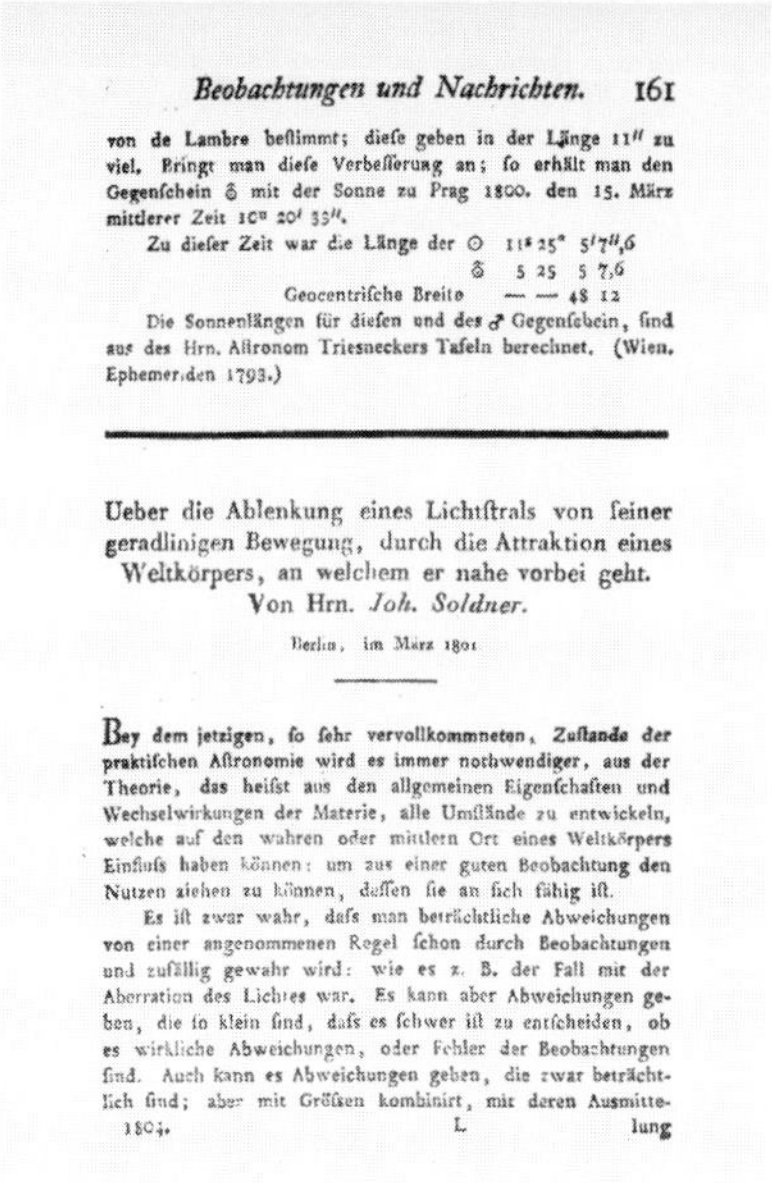

Beobachtungen und Nachrichten. 161

von de Lambre beſtimmt; dieſe geben in der Länge 11″ zu viel. Bringt man dieſe Verbeſſerung an; ſo erhält man den Gegenſchein ☍ mit der Sonne zu Prag 1800. den 15. März mittlerer Zeit 10ᵘ 20′ 33″.

Zu dieſer Zeit war die Länge der ☉ 11ˢ 25° 5′ 7″,6
☍ 5 25 5 7,6
Geocentriſche Breite — — 48 12

Die Sonnenlängen für dieſen und des ♂ Gegenſchein, ſind aus des Hrn. Aſtronom Triesneckers Tafeln berechnet. (Wien. Ephemeriden 1793.)

Ueber die Ablenkung eines Lichtſtrals von ſeiner geradlinigen Bewegung, durch die Attraktion eines Weltkörpers, an welchem er nahe vorbei geht.
Von Hrn. *Joh. Soldner.*

Berlin, im März 1801

Bey dem jetzigen, ſo ſehr vervollkommneten, Zuſtande der praktiſchen Aſtronomie wird es immer nothwendiger, aus der Theorie, das heiſst aus den allgemeinen Eigenſchaften und Wechselwirkungen der Materie, alle Umſtände zu entwickeln, welche auf den wahren oder mittlern Ort eines Weltkörpers Einfluſs haben können: um aus einer guten Beobachtung den Nutzen ziehen zu können, deſſen ſie an ſich fähig iſt.

Es iſt zwar wahr, daſs man beträchtliche Abweichungen von einer angenommenen Regel ſchon durch Beobachtungen und zufällig gewahr wird: wie es z. B. der Fall mit der Aberration des Lichtes war. Es kann aber Abweichungen geben, die ſo klein ſind, daſs es ſchwer iſt zu entſcheiden, ob es wirkliche Abweichungen, oder Fehler der Beobachtungen ſind. Auch kann es Abweichungen geben, die zwar beträchtlich ſind; aber mit Gröſsen kombinirt, mit deren Ausmitte-
1804. L lung

「光線の天体の引力による直線運動からのずれについて」

ニュートンは一七〇四年刊行の『光学』で「物体は、距離をおいて光に作用し、その作用によって光線を曲げないだろうか？　そしてこの作用は最接近距離で最大にならないだろうか？」という問題を出している。フランス革命の指導者の一人で、入浴中にシャルロット・コルデーに暗殺されたジャン＝ポール・マラーは、一七八四年に刊行した『光学の基礎』の中で、「光線は、物体からある距離をおいて通過するときは、真ん中でいつも方向を変えることは疑いない。それは引力の球に陥るだろうか？　それは球の周囲のある点で折れ曲がり、直線に沿って延びていく」と書いている。光を粒子とすれば、自然に考えつくことだ。だが定量的な計算を正確に遂行したのはゾルドナーが最初である。キャヴェンディシュは同じ計算を一七八四年頃に行っていたが発表しなかった。キャヴェンディシュの手稿が公表されたのはエドワード・ソープが一九二一年に編集刊行した『ヘンリー・キャヴェンディシュ科学論文集』第二巻においてである。光を粒子としてニュートン方程式を適用すると、粒子の速度は位置によって異なる。キャヴェンディシュが無限遠での粒子の速度を光速度に採ったのに対し、ゾルドナーは粒子が天体に最接近したときの速度を光速度に採っているので、二人の結果はわずかに違うが、その差は高次で無視できる程度の量だ。ゾルドナーがラプラースの「見えない星」の考えに刺激を受けたように、キャヴェンディシュは友人ジョン・ミッチェルが一七八三年に発表した「重い物体では重力が光の放出を止める」という考えに刺激を受けていた。

ゾルドナーの論文は当時も波紋を呼ばなかった。十九世紀後半には光の波動説は揺るがし難いものになり、粒子説は放棄されていたからゾルドナーの論文もまた完全に忘れられていた。一八九二年に出版された『全ドイツ伝記』にミュンヘン工科大学の測地学者バウエルンファイントが書いたゾルドナー小伝でもこの論文についてまったく触れていない。ところが一九二一年九月二十七日に刊行された『物理学年報』で反アインシュタイン、反ユダヤ主義のレーナルトは前文を付けてゾルドナーの論文の一部を掲載した。それは一般相対論をまったく理解できないレーナルトが、ゾルドナーの論文を悪用して、アインシュタインが剽窃したかのように中傷したもので、ゾルドナーへの敬意があるとは思えない偏見に満ちた文章だ。レーナルトは、ゾルドナーの計算が「光線を光量子から構成するプランク氏の洞察」の先駆となるかのように書いているが、

ヨーハン・ゾルドナー

ゾルドナー墓碑

光量子仮説はアインシュタインの独創であり、プランクは長い間それを受け入れることを拒否していたのだ。歴史的事実をねじ曲げている。ラウエは直ちにアインシュタインを擁護する論評「一八〇一年のゾルドナーの論文へのレーナルト氏の前文に対する反論」を『物理学年報』に寄稿した。

ゾルドナーは病気のため一八二八年からヨーハン（ジョン）・ラモントを助手に雇って天文台の仕事を任せた。ラモントはスコットランド生まれで、一八一六年に父が事故で急死した翌年、レーゲンスブルクの修道院学校に送られ、一八二七年から学生として天文台で休暇を過ごすようになっていた。ゾルドナー没後天文台所長を継いで、ガウス、ヴェーバー、フンボルトらとともに地磁気学の基礎をつくった人である。ゾルドナーは一八三三年五月十三日に天文台の住居で亡くなった。五十六歳だった。遺体は十五日夕方六時に天文台からボーゲンハウゼンの聖ゲオルク教会まで送られ教会墓地に埋葬された。ゾルドナーの墓碑は教会の壁に取り付けてある。教会墓地にはラモントとフーゴ・ゼーリガーの墓もある。ゼーリガーは一八八二年から一九二四年まで天文台所長を務めた。現代のブラックホールを記述するシュヴァルツシルト計量を発見したカール・シュヴァルツシルトは一八九八年にゼーリガーのもとで学位を得ている。教会墓地にはコルプの墓もある。コルプが亡くなった翌年四月十九日カッセルで開かれた西独ペンクラブ年会で、ケストナーは平和主義を貫いた同志コルプを追悼する講演を行った。コルプの墓の手前にケストナーの墓がある。

また会う日まで

東京大学大学院総合文化研究科国際社会科学専攻教授柴田寿子さんが亡くなられた。かつて柴田さんにエミー・ネーターの伝記を書くよう頼まれたことがあるが、ネーターと同じ年齢で亡くなられたことになる。あまりにも早い逝去に呆然とするばかりである。悼んでも悼みきれない。スピノザは『エティカ』（工藤喜作・斎藤博訳、中央公論社）第四部定理六十七で「自由な人間は何よりも死について考えることがない。そして彼の知恵は、死についての省察ではなく、生きることについての省察である」と言っているが、こういう悲しみのときには哲学はまったく役に立たない。また、スピノザは『神・人間及び人間の幸福に関する短論文』（畠中尚志訳、岩波文庫）第二部第七章の中で「自己の知性を正しく用ひる者は如何なる悲しみにも陥り得ないといふことが不可疑的に出て来る」とも言っているが、やはり役に立ちそうもない。柴田さんとは「自転車に乗らない（乗れない）協会」同志だったが、いま頃柴田さんはスピノザと自転車旅行をしていることだろう。

柴田さんと知り合ったのは、ある委員会で、重要書類の山の見張り番を二人でやらされたときのことで、任務は怠りなくだが、柴田さんからご専門のスピノザや社会思想史につ

いていろいろと教えていただいて以来のことである。生き生きした人で、ある夏の暑い日の講義の後、汗でぐっしょりぬれたシャツ姿で銀杏並木を歩いていたら、ばったり出会った柴田さんの一言は、「あら、学生にバケツで水をぶっかけられたのね」だった。とっさに言い返せないのがぼくのどんくさいところだ。また、落第生を決める委員会で、物理の単位を落として落第する学生について、「また物理をやり直すのか。よほど物理が好きなんだなあ」とつぶやいたら、隣の席にいた柴田さんからすかさず、「それで太田さんはいまでも大学に残って物理を勉強してるのね」というコメントが飛んできた。このときも一矢報いることはできなかった。

柴田さんは職がなくて専業主婦をしながら研究を続けていたことがあると言っておられたが、また、そのときが一番楽しかった、とも言っておられた。本ものの学者だったのだ。柴田さんにはこのシリーズのもととなる雑誌連載のすべての原稿に目を通していただいた。いつも丁寧な感想文を書いてくださったが、鋭いコメントや、ユニークな見方が大変参考になったものである。文章の最後はかならず、挫折しないで連載を続けるように、という温かい激励の言葉で終わっていた。

柴田さんが著書『スピノザの政治思想——デモクラシーのもうひとつの可能性』(未来社)を出版されたとき一冊頂いたが、ぼくは学力不足を痛感したものである。「元気をだして二冊目を謹呈できるよう頑張りたい」と言っておられたので、こんどこそ真面目に勉強しようと待ち構えていたのだが。遺作『リベラル・デモクラシーと神権政治——スピノザからレオ・シュトラウスまで』が東京大学出版会から刊行されたばかりだ。

本書の十六編のうち、ディリクレー、ラウエ、ファン・デル・ワールス、ライプニッツ、ベルヌーリ、ヘルムホルツ、ゾルドナーの七編は未発表のエッセイ、ホイートストン、ヤングの二編は雑誌『UP』に連載した原稿を増補したもの、スピノザとアインシュタイン、ヘルツ、ローレンツ、レントゲン、エーレンフェスト、リヒテンベルク、マイトナーの七編は雑誌『パリティ』に連載した原稿を大幅に書きかえたものである。「スピノザとアインシュタイン」は柴田さんのリクエストで書いた。スピノザの墓に刻まれたヘブライ語の意味は柴田さんに調べていただいたものである。

それでは物理の旅でまたお会いできる日まで。くれぐれも体だけは大切に。いや、なに、雨と風の日も、墓地で墓を探すぼくにはお気遣いなく。

著者略歴
1967 年　東京大学理学部物理学科卒業.
1972 年　東京大学大学院理学系研究科物理学専攻修了. 理学博士.
1980-2 年　マサチューセッツ工科大学理論物理学センター研究員.
1982-3 年　アムステルダム自由大学客員教授.
1990-1 年　エルランゲン大学客員教授.
現　在　東京大学名誉教授.

主要著書
『電磁気学 I』,『電磁気学 II』(丸善, 2000)［改訂版:『電磁気学の基礎 I』,『電磁気学の基礎 II』(シュプリンガー・ジャパン, 2007)］
『マクスウェル理論の基礎』(東京大学出版会, 2002)
『マクスウェルの渦　アインシュタインの時計』(東京大学出版会, 2005)
『アインシュタイン　レクチャーズ@駒場』(共編, 東京大学出版会, 2007)
『哲学者たり、理学者たり』(東京大学出版会, 2007)
『ほかほかのパン』(東京大学出版会, 2008)

「山吹のはながみばかり金いれにみのひとつだになきぞかなしき」
(四方赤良)

がちょう娘に花束を　物理学者のいた街 *3*

2009 年 10 月 1 日　初　版

［検印廃止］

著　者　太田《おおた》　浩一《こういち》
発行所　財団法人　東京大学出版会
代 表 者　長谷川寿一
113-8654 東京都文京区本郷 7-3-1 東大構内
http://www.utp.or.jp/
電話 03-3811-8814　Fax 03-3812-6958
振替 00160-6-59964

印刷所　三美印刷株式会社
製本所　牧製本印刷株式会社

ISBN 978-4-13-063604-9　Printed in Japan